七彩数学

姜伯驹 主编

QICAISHUXUE

数学走进现代化学与生物

姜伯驹 钱敏平 龚光鲁□著

科学出版社

北京

内 容 简 介

本书共分两个部分:拓扑学中的手性和数学走进生物大分子序列.

第一部分是一次演讲的纲要.手性就是左右不对称性,是自然界的常见现象,在化学中日益重要.本文介绍了作者和王诗宬教授合作的一个科研课题的来龙去脉.从材料化学家 1982 年的实验和问题、拓扑学家 1986 年的回答,提出我们自己的新概念与新问题.解释了所涉及的数学概念,以及关于平面性的经典定理.陈述了我们得到的数学定理,但是略去了逻辑严密的数学证明.值得注意的看点,一是当代数学与自然科学的呼应和互动.二是作者们提出问题、寻找答案的思路,问题的化学背景和几何形象所提供的线索.逻辑并不是故事的主角.

第二部分就一些计算分子生物学问题,来看数学正在走进生物学,并展示其中数学能起什么作用,怎样起起作用.讨论了大规模 DNA 测序时的序列拼接问题,阐述了利用 Euler 图的数学模型进行 DNA 序列的精确拼接方法;介绍了序列比对的决定性方法——动态规划法,及利用随机性的两种快速方法;介绍了模体搜索的一个决定性算法模型,以及一个利用短串表达序列的模体搜索方法,并对算法成功的概率进行了分析与估计.

本书通俗易懂,适合中学生、大学生和数学爱好者阅读.

图书在版编目(CIP)数据

数学走进现代化学与生物/姜伯驹,钱敏平,龚光鲁著.—北京:科学出版社,2007

(七彩数学)

ISBN 978-7-03-017893-0

Ⅰ.数… Ⅱ.①姜…②钱…③龚… Ⅲ.①数学-应用-化学-通俗读物②数学-应用-生物-通俗读物 Ⅳ.O29-49

中国版本图书馆 CIP 数据核字(2007)第 100001 号

责任编辑:吕 虹 陈玉琢 莫单玉/责任校对:郑金红

责任印制:赵 博/封面设计:王 浩

科学出版社出版

北京东黄城根北街 16 号
邮政编码:100717
http://www.sciencep.com

北京凌奇印刷有限责任公司印刷

科学出版社发行 各地新华书店经销

*

2007 年 3 月第 一 版 开本:A5(890×1240)
2025 年 1 月第九次印刷 印张:3 3/4
字数:50 000

定价:38.00 元

(如有印装质量问题,我社负责调换)

丛书序言

2002 年 8 月,我国数学界在北京成功地举办了第 24 届国际数学家大会.这是第一次在一个发展中国家举办的这样的大会.为了迎接大会的召开,北京数学会举办了多场科普性的学术报告会,希望让更多的人了解数学的价值与意义.现在由科学出版社出版的这套小丛书就是由当时的一部分报告补充、改写而成.

数学是一门基础科学.它是描述大自然与社会规律的语言,是科学与技术的基础,也是推动科学技术发展的重要力量.遗憾的是,人们往往只看到技术发展的种种现象,并享受由此带来的各种成果,而忽略了其背后支撑这些发展与成果的基础科学.美国前总统的一位科学顾问说过:"很少有人认识到,当前被如此广泛称颂的高科技,本质上是数学技术".

在我国,在不少人的心目中,数学是研究古老难题的学科,数学只是为了应试才要学的一门学科.造成这种错误印象的原因很多.除了数学本身比较抽象,不易为公众所了解之外,还有

学校教学中不适当的方式与要求、媒体不恰当的报道等等. 但是, 从我们数学家自身来检查, 工作也有欠缺, 没有到位. 向社会公众广泛传播与正确解释数学的价值, 使社会公众对数学有更多的了解, 是我们义不容辞的责任. 因为数学的文化生命的位置, 不是积累在库藏的书架上, 而应是闪烁在人们的心灵里.

20 世纪下半叶以来, 数学科学像其他科学技术一样迅速发展. 数学本身的发展以及它在其他科学技术的应用, 可谓日新月异, 精彩纷呈. 然而许多鲜活的题材来不及写成教材, 或者挤不进短缺的课时. 在这种情况下, 以讲座和小册子的形式, 面向中学生与大学生, 用通俗浅显的语言, 介绍当代数学中七彩的话题, 无疑将会使青年受益. 这就是我们这套丛书的初衷.

这套丛书还会继续出版新书, 我们诚恳地邀请数学家同行们参与, 欢迎有合适题材的同志踊跃投稿. 这不单是传播数学知识, 也是和年青人分享自己的体会和激动. 当然, 我们的水平有限, 未必能完全达到预期的目标. 丛书中的不当之处, 也欢迎大家批评指正.

姜伯驹

2007 年 3 月

目　录

拓扑学中的手性
——拓扑学与化学结缘

姜伯驹　著

1 引 言

　　自然科学里的研究到了一定深度之后往往都牵涉到数学.比如说,数学中有个叫"手性"的概念,近年来居然在化学、生物学、医学这些领域中备受关注,甚至 2001 年的诺贝尔化学奖也跟它有关.下面,我们就来说说有关手性的故事.

　　先举两个例子.大家都拧过螺丝吧?想把螺丝上紧的话,一般都是朝顺时针方向拧,如果朝逆时针方向的话只会越拧越松.又如在电磁感应中,判断电流产生的磁场方向,要用右手定则,若错用了左手定则会把磁场的方向判断错.上面这两个例子有什么相类似的特征呢?它们的共同点可以描述如下:在镜子里面的世界中,朝逆时针方向才能把螺丝拧紧,判断电流产生的磁场就得用左手定则,换言之,以上两件事情都跟它们的镜像不一样,左右恰好相反. 这种现象就称"有手性"(chiral)."手性"这个词chirality源自"手"的希腊文 cheir.

在大自然中手性现象还有很多,像 DNA 的双螺旋结构就区分左旋跟右旋;对一些化合物的分子结构而言,原子在空间中的排列方式也涉及到手性. 制药工业里就发生过一件与此有关的大事. 有一种缓解妇女怀孕期间妊娠反应的人工合成药物(中文名字叫"反应停"),这种药在投入使用之后却导致出现不少畸形胎儿,造成极其严重的医疗事故. 后来人们才了解到事故的原因:这种药的分子结构带有手性,左旋的分子具有镇静作用,而右旋的分子却是畸胎的祸因. 我们日常用的药氯霉素也同样具有手性,只是无药效那部分的手性分子副作用比较

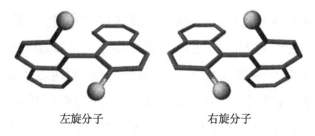

左旋分子   右旋分子

图 1

轻而已.正因为如此,医药工业就必须找办法对这类药物进行左右手性的区分,并且去掉那些带副作用手性的分子.在早期,人工合成时两种手性的分子总是同时产生并混杂在一起的,人们只能先两种都生产,然后想办法尽量把有用那一半挑选出来,挑的过程中得进行多次提纯,把另外那一半完全去掉,这样做成本相当高.2001年诺贝尔化学奖的三位得主(美国人William S. Knowles, K. Barry Sharpless 及日本人野依良治)的获奖工作就是手性化学反应——他们研究出一种特殊的催化剂,使得在合成反应的过程中专门生产出带有有用手性的那部分分子,省却了分拣与提纯的过程,从而大大降低了药物的生产成本.

005

手性的数学定义

引言中只是给出了手性直观上的解释，下面我们来用严格的数学语言给出手性的定义．

Ⅰ 手性的几何定义

设 P 是三维欧氏空间$\mathbb{R}^3$ 中由有限块诸如线段、三角形、四面体等简单图形拼接而成的多面体，$r:\mathbb{R}^3 \rightarrow \mathbb{R}^3$ 是关于$\mathbb{R}^3$ 中某个平面的反射．

定义 1 如果存在一个保定向的等距变换 $h:\mathbb{R}^3 \rightarrow \mathbb{R}^3$，使得 $h(P)=r(P)$，则 P 就称为**无手性**的；否则 P 称为**有手性**的．

定义 1a 如果存在一个反定向的等距变换 $g:\mathbb{R}^3 \rightarrow \mathbb{R}^3$，使得 $g(P)=P$，则 P 就称为**无手性**的；否则 P 称为**有手性**的．

这里,等距变换指的是$\mathbb{R}^3$到自身的保持任何两点之间距离不变的映射.事实上,$\mathbb{R}^3$中的任何一个等距变换都可以通过反射、旋转和平移这三类变换复合而成.如果复合的过程中出现过偶数次反射,就称这个等距变换是**保定向**的;出现奇数次反射则称**反定向**的.由此可以看出,定义1与定义1a等价.

在以上的几何定义之下,鞋子跟手套的形状都有手性,因为一只左手的手套在空间中怎么旋转都不可能变成一只右手的手套.另外,平面中的图形显然是无手性的.

Ⅱ 手性的拓扑定义

上面这个几何的定义其实非常苛刻,因为在验证无手性时,找出的空间的变换必须是刚性的,即满足任何两点的相对距离都不能变动,以致于只有高度对称的东西才没有手性.如果按照这个定义,就绝大多数东西都有手性了.

但是实际上,人脸的对称,难免有一只眼睛比另一只大一点点;人体的对称,有时左脚比右脚长一点点.化学中分子的运动就更不是刚性的了,化学键之间角度的微小变化可以积累成

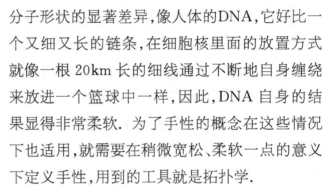

分子形状的显著差异,像人体的DNA,它好比一个又细又长的链条,在细胞核里面的放置方式就像一根 20km 长的细线通过不断地自身缠绕来放进一个篮球中一样,因此,DNA 自身的结果显得非常柔软. 为了手性的概念在这些情况下也适用,就需要在稍微宽松、柔软一点的意义下定义手性,用到的工具就是拓扑学.

拓扑学是研究几何图形的连续变形的数学分支,它的核心概念是"同胚".

设 X 与 Y 是两个几何图形,$f: X \to Y$ 是 X 的点与 Y 的点之间的一个一一对应. 如果 f 是连续的,而且它的逆 $f^{-1}: Y \to X$ 也是连续的,那么就说 $f: X \to Y$ 是一个**同胚映射**,简称**同胚**.

只要 X 与 Y 之间有同胚映射存在,我们就说这两个图形是**同胚的**.

例如,方形与圆形是同胚的,茶杯(有柄)的形状跟自行车轮胎的形状也是同胚的. 于是,拓扑学家们被戏称为"不会区分咖啡杯与面包圈的人".

我们通常还要求上述的那些同胚是分片线性的或者分片光滑的.

除了同胚之外,在拓扑的意义之下,为了跟等距变换中的保定向性质相对应,我们还需要下面的概念.

三维欧式空间$\mathbb{R}^3$到自身的自同胚$h:\mathbb{R}^3\to\mathbb{R}^3$称为**保定向**的,如果其坐标表达式的Jacobi行列式处处为正;否则称为**反定向**的,也就是其坐标表达式的Jacobi行列式处处为负.

有了以上准备,我们就可以给出在拓扑意义下的手性定义了.

设P是三维欧氏空间$\mathbb{R}^3$中的多面体,$r:\mathbb{R}^3\to\mathbb{R}^3$是关于一个平面$\mathbb{R}^2\subset\mathbb{R}^3$的反射.

定义 2　　P称为**拓扑无手性**的,如果存在一个保定向的同胚变换$h:\mathbb{R}^3\to\mathbb{R}^3$,使得$h(P)=r(P)$;否则$P$称为**拓扑有手性**的.

定义 2a　　P称为**拓扑无手性**的,如果存在一个反定向的同胚变换$g:\mathbb{R}^3\to\mathbb{R}^3$,使得$g(P)=P$;否则$P$称为**拓扑有手性**的.

在定义2之下,一只左手的手套就是拓扑无手性的了,因为明显它能变形成一只右手的手套(假如它是橡胶做的).

这里需要指出一点,同胚这个概念虽然放宽了刚性的要求,便于处理柔软的图形,但在某种意义下走到另一个极端:一个细胞可以跟地球同胚!

下面再举一个并不是一眼就能看出的拓扑

009

无手性的例子：

例1 8 字结是拓扑无手性的(如图 2).
(Listing,1847)

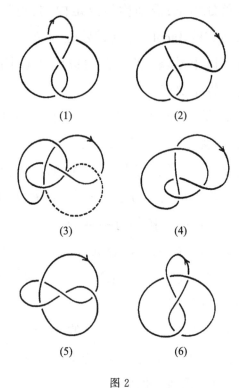

图 2

上图中(1)到(2)再到(3)的形变都是显然的,(4)不看那条虚线就是(3),而(4)左边这根实线在空间中可以拉到虚线的位置,这就得到(5),再顺时针旋转90°就得到(6).

那么,有什么是拓扑有手性的呢? 见下例:

例 2 三叶结(图 3)是拓扑有手性的 (Dehn,1914).

这个证明比较复杂,有兴趣的可以参考文献[6],p.67.

图 3

3 莫比乌斯梯的故事

　　20 世纪 80 年代起,化学家们开始人工合成一些原本在自然界中不存在的化合物,并希望从中找出具有新功能的材料. 他们的思路之一,就是合成一些空间结构不那么平凡的分子. 美国 Colorado 大学的 Walba 领头的一群化学家们就是这样造出具有莫比乌斯梯结构的分子来的. 他们具体的做法是这样(如图 4):先合成出两条一模一样的原子链,然后使两条链中某些相对应位置上的原子互相连结(即产生一个化学键),这样得到一些梯子形状的分子,最后,使梯子两端黏合起来——当然,这些反应都得通过催化剂来完成.

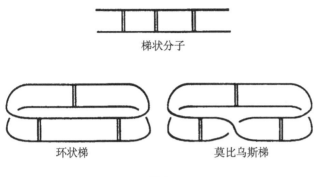

梯状分子

环状梯   莫比乌斯梯

图 4

但是这里头有个问题,假定这些梯子在空间中的形态都比较柔软,于是,两头黏合起来的时候就有可能会扭转了 180°(就像用带子做成莫比乌斯带那样),这样得到的循环梯子称为莫比乌斯梯,跟不扭转的情况(环状梯)是很不相同的. Walba 他们认为,反应产生分子的形状应该大部分是环状梯而有少部分是莫比乌斯梯.但是怎么去证明的确产生了少部分莫比乌斯梯状的分子呢?

观察微观结构的实验方法一般是用电子显微镜.譬如,DNA 螺旋结构的观察就是先在 DNA 分子上涂上某些"发光"的物质,然后才能用电子显微镜来看.但是这样一来就相当于把所观察的分子"加厚"了,所以只能在"发光"材料的分子体积较所观察对象的体积小很多的情况下才能发挥作用. 而对于实验做出的梯状分子而言,很不幸,由于它们分子体积太小了,电子显微镜的办法不奏效.

后来 Walba 他们采用的方法是利用手性. 他们直觉觉得莫比乌斯梯是拓扑有手性的,用核磁共振的办法,的确能够证明反应中产生的分子小部分表现出拓扑有手性的特征而大部分分子没有. 于是他们便推断实验结果确实含有少量莫比乌斯梯状的分子.

自然科学中的证明方法往往如此,先是做一些假设,并由此出发发展出一套理论. 至于它对不对? 只要做个实验,如果观测结果与该理论所预言的相符,就认为这些假设是正确的. 像当年 Einstein 的广义相对论刚提出来时也是没多少人相信,但是通过观测日食时恒星发出的光线经过太阳附近所弯曲的角度,发现结果的确符合 Einstein 的预测值,于是一下子广义相对论便为大多数人所接受了.

但是数学跟自然科学还是有区别的,不能从理性上严格证明的东西,数学上便不能承认. 就像那几位化学家只是"觉得"莫比乌斯梯拓扑有手性,并以此解释了他们的实验结果,但是究竟是不是数学上真的如此? 他们向数学家求援了.

数学家们给出的答案是:还差一点点. 1986 年,Simon 得到如下定理:

定理(Simon,1986) 对于标准的有 n 条横档的莫比乌斯梯 M_n,有:

当 $n \leqslant 2$ 时,M_n 可以变形成为平面图,从而正好是其自身的镜像;

当 $n = 3$ 时,M_n 虽然不能变形成为平面图,仍可以在空间中连续形变成其自身的镜像,但是如果限定横档变成横档,侧边变成侧边,则不行;

当 $n \geqslant 4$ 时,M_n 不可能连续形变成其自身的镜像.

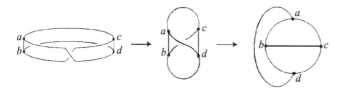

图 5

对于 $n = 2$ 的情形,图 5 给出了 M_2 变形到平面图形的具体过程.

对于 $n = 3$ 的情形,图 6 给出了 M_3 变形到

空间中一左右对称图形方法.

但是注意,图 6 中给出的反射是把边(61)变成(41),(63)变成(43),(65)变成(45),于是把莫比乌斯梯的三个横档变成了三个侧边,这正好符合 Simon 定理里所说的:如果能找到这样的同胚,则必然是横档跟侧边互换.

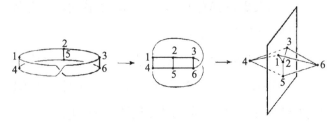

图 6

还需要补充说明一点,Simon 的定理中所谓"标准的"n 条横档的莫比乌斯梯,要求梯子的每一条边在空间中都没有打结,而且梯子两端黏起来的时候只转了 180°,而不是 540° 或更多.

回到 Walba 他们的实验结果,他们"觉得"莫比乌斯梯是拓扑有手性的,但事实上他们所做出分子的两条链之间正好有三个化学键,结构上是 M_3,而 Simon 定理却表明,莫比乌斯梯 M_3 拓扑无手性,也就是说,这些分子理论上应该都没有手性. 按照这个说法, 数学的推理居然跟化学实验结果不相符!

其实, 问题就出在 M_3 变形成它的镜像时横档变成了侧边, 但在分子结构中, 侧边上的原子、化学键等跟横档上的完全不同(实际的情况是, Walba 实验中得到的莫比乌斯梯状分子结构如图 7), 因此我们刚才构造的那个自同胚并不能作为分子自身的对称变换.

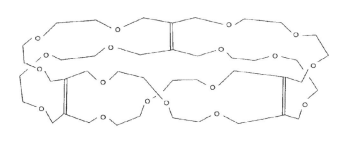

图 7

如果该分子没有手性的话, 就必须找到一个到它镜像的形变, 使横档仍然变回横档, 侧边仍然变回侧边, 而根据 Simon 的定理, 这不可能, 故该分子实际上还是具有手性.

以上的论述可以概括为一句话: 虽然图形 M_3 拓扑无手性, 但 Walba 的分子仍然是有手性的. 这表明, 拓扑手性的概念在处理有些问题上还不够用, 因为我们常常还希望多面体到它镜像的形变还满足把特定点变到特定点的性质（在上面的例子中就是每个原子只能变回跟它同一种元素的原子、每个化学键也只能变为同一类化学键），于是我们再引入以下第三种手性定义方式——标记式手性.

4 标记式手性与图形的平面性

设 P 是三维欧氏空间 $\mathbb{R}^3$ 中的多面体.

定义 3　P 称为**标记式(拓扑)无手性**的,如果存在一个保定向的同胚变换 $h:\mathbb{R}^3 \to \mathbb{R}^3$,使得对所有的点 $x \in P$ 都有 $h(x) = r(x)$;否则 P 称为**标记式有手性**的.

定义 3a　P 称为**标记式无手性**的,如果存在一个反定向的同胚变换 $g:\mathbb{R}^3 \to \mathbb{R}^3$,使得对所有的点 $x \in P$ 都有 $g(x) = x$;否则 P 称为**标记式有手性**的.

从映射的不动点的角度,该定义还可以写成以下形式:

定义 3b　P 称为**标记式无手性**的,如果存在一个反定向的同胚变换 $g:\mathbb{R}^3 \to \mathbb{R}^3$,使得 P 包

含于 g 的不动点集 $\mathrm{Fix}(g) := \{x \in P \mid g(x) = x\}$ 之中;否则 P 称为**标记式有手性**的.

从以上定义马上可以看出:

例3 如果 P 在一个平面上,则 P 标记式无手性.

例4 如果 P 能移动到平面上去,则 P 标记式无手性.

有没有不能放在平面中去的标记式无手性的例子呢?答案是肯定的.

例5 8字结是标记式无手性的,但是它不可能移动到平面上去.

注意之前图2中沿着8字结的箭头方向. 再通过一个左右对称的镜面反射恰好能把图2中的(1)变成(6),而且这个反射还保持着箭头的方向不变,从而能保持纽结上每个点都不动,因此8字结的确是标记式无手性的. 然而纽结又告诉我们,任何非平凡的纽结都不可能被移动到平面上去. 于是,这例子说明"能移动到平面上去"只是"标记式无手性"的充分条件,但不是必要条件.

在判断一个多面体是否标记式有手性这个问题上,我和我的同事曾经做过一些研究工作.

定理(王-姜,2000) 设 Q 是多面体,那么

Q 同胚与三维欧氏空间 $\mathbb{R}^3$ 中的一个标记式无手性的多面体,当且仅当 Q 同胚于平面 $\mathbb{R}^2$ 上的多面体.

换句话说,Q 能以标记式无手性的方式嵌入 $\mathbb{R}^3$,其充分必要条件是 Q 能嵌入平面.

再换个说法,$\mathbb{R}^3$ 中反定向自同胚的不动点集一定能嵌入平面.

拿8字结的例子来说,虽然它不能移动到平面上去,但是就它自身的拓扑结构而言,它同胚于单位圆周 S^1,而 S^1 是可以嵌入到平面里去的.

通过上面的分析,我们已经把一个多面体能否标记式无手性地放到 $\mathbb{R}^3$ 里去这个问题归结到它能不能嵌入到平面,而后一问题,也就是图形的"平面性"问题,早在1930年就已经被完满解决了.

定理(Kuratowski,1930) 设 Q 是一维的多面体,那么,Q 不能嵌入平面的充分必要条件是,Q 的某个子多面体同胚于图8的两个图形之一.

反过来说,一维多面体 Q 能嵌入平面的充分必要条件就是:Q 的任何子多面体都不同胚于 K_5 或 $K_{3,3}$. 故有下面的

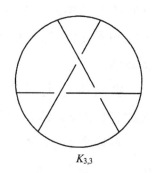

图 8

推论 1 设 Q 是三维空间 $\mathbb{R}^3$ 中的多面体，如果 Q 有一个子多面体 Q' 同胚于 K_5 或 $K_{3,3}$，那么 Q 一定是标记式有手性的.

若还考虑二维图形，则容易证明，能阻挡 Q 嵌入球面的子多面体增加了一种情况：同胚于图钉的形状.

这样，我们利用图形的平面性作为工具，得到了一个判断给定的多面体是标记式有手性的充分条件.

值得强调一下，我们这个充分条件只用到 Q 自身的拓扑结构，跟它在 $\mathbb{R}^3$ 中怎么放完全没有关系,因此我们只需"内在地"观察这个多面体就足够了!

有必要再补充几句话以廓清一些界限. 以上这个结论是用于检测标记式有手性的,但是如果要考虑标记式无手性的话,则一共需要两方面的信息:(1)多面体 Q 自身的拓扑结构;(2)Q 在 $\mathbb{R}^3$ 中的嵌入方式. 由之前的讨论已经知道,标记式无手性要求 Q 自身的拓扑结构同胚于平面图,但即使对同胚于平面图的多面体而言,还是有可能存在某种到 $\mathbb{R}^3$ 中嵌入方式,使得嵌入的像是有手性的. 譬如三叶结就是一个典型的例子——它是单位圆周到 $\mathbb{R}^3$ 的嵌入,在前面的例 2 中我们已经知道,$\mathbb{R}^3$ 中的三叶结拓扑有手性,从而更是标记式有手性的,于是尽管单位圆周是平面图,但这个映射的像依然标记式有手性. 因此,三维空间中的多面体必须在自身结构和嵌入方式这两方面都表现得很好,才会是标记式无手性的.

最后我们再回到莫比乌斯梯的例子上面去. 三个横档的莫比乌斯梯 M_3 正好同胚于 $K_{3,3}$(图 9),所以马上又有:

推论 2 $\mathbb{R}^3$ 中任何一个 M_3 都是标记式有手性的.

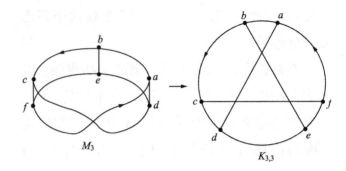

图 9

注意,因为我们在上面论述 M_3 标记式有手性的过程中只用到 M_3 内在的拓扑结构,所以推论 2 中的 M_3 不管怎么样安放在 $\mathbb{R}^3$ 里都是标记式有手性的,而不需要 Simon 的定理那样局限于"标准的"嵌入. 在实际的化学实验中,我们前面已经说过,溶液里的化合物分子我们还没法用电子显微镜去看,怎么知道它们是不是"标准"形态的莫比乌斯梯呢?! 这就是"内在地"去判断标记式有手性的威力.

到此为止,我们通过引入标记式手性及上面几个定理与推论作为工具,终于对 Walba 的实验结果给出了一个比较完满的数学解释.

5 结 束 语

　　以上我们沿着如何用数学来解释自然现象这个思路,就手性这个话题讲述了我们亲身参与的尝试,以及怎么把一个数学问题逐步转化并解决的体验.

　　不过,需要强调的是,我们数学上研究的都是理想的状态,跟自然学科的实际情形还是有些区别的. 就拿一个分子有没有手性这个问题来说,我们一开始定义那种手性(为了跟标记式手性相区别,不妨称之为"集合式手性")没有考虑到不同原子之间的区别,而标记式手性则把每一个不同的原子个体都完全区分开来了,规定每一个原子都必须变换到特定的某个原子才行. 但是化学中真实的情况却是:只需要区分

开不同元素的原子就够了,换言之,在变换的时候只要把每一个原子都变到跟它同一元素的原子的位置上去,这样的变换也是认可的. 所以,实际化学中的手性应该是介乎集合式手性跟标记式手性之间,集合式手性与标记式手性都不过是简化了的极端情形.

同样,对于几何手性跟拓扑手性而言,实验室里的手性也介于这两者中间. 拓扑手性太柔软太宽松,几何手性则太刚硬,而实际的分子虽然不是刚性的,但柔软程度也毕竟有限,形状只能在一定范围内变化,可变化的范围还跟温度等一系列实验条件有关.

因此,拓扑学与化学结缘,这里是个广阔的天地,还等待着人们去深入探索.

附记:感谢杜晓明整理成稿. 还曾得到范江华、吴建春的协助,一并致谢.

参 考 文 献

[1] Jiang B J(姜伯驹),Wang S C(王诗　). Achirality and planarity. Comm. in Contemporary Mathematics 2000(2): 299~305

[2] Flanpen E. When Topology Meets Chemistry. A Topological Look at Molecular Chirality, Cambridge University Press,2000

[3] Walba D，Richards R，Haltiwanger R C. Total synthesis of the first molecular Möbius strip. J. Am. Chem. Soc. 1982(104):3219~3221

[4] Simon J. Topological chirality of certain molecules. Topology. 1986(25),229~235

[5] Kuratowski K. Sur le problème des courbes gauches en topologie. Fund. Math. 1930(15):271~283

[6] 姜伯驹.绳圈的数学.长沙:湖南教育出版社,1991

数学走进生物大分子序列

钱敏平　龚光鲁　著

6 引　言

随着人、水稻、大鼠、小鼠等的全基因组测序等大规模计划的实施，人类进入了后基因组时代．这些物种的完整生命蓝图正逐步地被绘出．随之，利用激光、纳米、核磁等高科技的最新成果，人类对于从小到病毒，大到人类自身的各种生物体，在分子水平的细微结构，进行精确而具体的观测方面，有了并将有更加飞速的进展．近几年来，核酸的测序与蛋白质的组成和结构等信息的数据的数量正以指数增长的速度增加．它们提供了海量的生物数据，使得生物信息学、计算分子生物学，以及系统生物学，成为当前生物学领域的研究热点．预计在未来的若干年中，它们将变得越来越重要．这

是因为对上述海量观测数据的加工与分析，可以使我们获取对于许多问题的大量新的信息，作为启发及证据，使得遗传及进化，DNA 序列和蛋白质的相互作用，细胞的发育与分化及凋亡，生命的起源，以及疾病的诊断和治疗，良种培育等问题的研究，可以由此逐步由定性走向定量；由表及里，由描述走向内在机理的追寻，由笼统模糊的现象的归纳走向对事物本质和规律的探索．生物科学正面临巨大的机遇和挑战，它的重大新成果和突破的取得的希望，在于生物科学与计算机科学、数学、物理学、化学及其他新技术的紧密结合，形成新的观念，新的研究方法和手段．

在这里，我们要特别指出：随着计算机渗入人类活动的各个方面，特别是渗入在生物体这样复杂，而其基本的组成和结构却细微得连电子显微镜也难以看到的系统中，就必须要有数学模型，及与之相应的合适的计算方法，以至对于对象认知和描述的新观念及新视角，以便综合各种观测结果与数据，来间接地认识系统．这些不仅会对数学这门研究数、形和模型的科学提出大量不可或缺的需求，而且在深度上往往也是以往问题所不及的．事实上，近年来生物科学对于概率论和统计学的迫切需求，以及后者对于前者的大量应用就说明了这一点．

　　作为一个普及性的小册子，要全面系统地描述数学与这些不断迅速发展的新兴学科的关系的企图，不仅是十分困难的，而且几乎是不可能的．因而，我们在这里，只想通过几个例子，来一瞥数学这门抽象的科学，在当前人类认识自身与自然的现代生物学的重大战役中能起什么作用．我们这个简介，恐怕连"抛砖引玉"也算不上．如果能够引起读者的兴趣与好奇心，进而走进原来自己不熟悉或根本不了解的领域去遨游，看看在其中自己喜欢的数学除了它的美以外，还有什么实用，那么笔者的初衷就已经基本达到了．

033

7 基因测序中的故事

我们知道，各种生物的生命蓝图主要是由其基因组来携带的．所谓基因组就是在一个生物体中的每一个细胞核内都含有的，而且在所有细胞中几乎完全相同的那些 DNA 序列的全体．而 DNA 就是脱氧核糖核酸（deoxyribonucleic acid）的英文缩写．其实，DNA 只含 4 种基本成分，即用 A，C，T，G 代表的 4 种脱氧核糖核酸，基因组序列就是由它们连成的长链．从简单的单细胞的细菌，到复杂如人类这样的高级动物，无不以 DNA 序列作为传递遗传信息的主要载体，构成其生命的蓝图．甚至连不能独立生长繁殖的病毒，也同样以核酸序列作为其生命蓝图．从数学上看，基因组序列无非是用 4 进制编码的生命蓝图文件, 其著名的双螺旋结构 (由 Crick 和 Watson 发现) 无非是两条 DNA 并排连在一起, 纽成的双螺旋, 以形成一对一的纠错系统. 即两条链中每个并排位置必须是 A-T 或 G-C 的对应, 否则就标志出错. 基因组这个生命蓝图恰如一本书, 它分成若干章节, 其每一节就是一个基因, 它是 DNA 序列到蛋白的编码, 转录和翻译的基本单元. 著名的人类基因组计划号称是比 Manhattan 原子弹计划和 Apollo 登月更宏大的研究计划, 它的完成, 主要是得到了人类基因组这本书的一个完整文本. 从而打开了我们读懂它的大门. 可见得到人类全基因组这本书的文本, 可不是一个容易的任务.

为什么得到人类全基因组这本"书"的文本这么难呢? 首先请注意这本书的"字"是多么小: 即使在显微镜的下, 我们一般所看到的人类基因组的全部不过是细胞核中的一些小点. 但是它却是全长约 32 亿个核酸, 分为 23 对染色体和 1 条性染色体的一组元素数量庞大的序列. 要知道 32 亿个字符是什么样的概念吗? 按每页 800 字符计算, 一册 400 页的书也就是约 320k 个字符, 那么 32 亿个字符就要有 1 万册

这样的书. 对于这样体积极端微小, 元素数量非常庞大的序列, 别说看到它的上亿个核酸是什么, 就是捕捉它们都不容易. 可见准确地读出这些序列是一件多么困难的任务. 对于 300~700 长的核酸序列, 生物学家已经有多种测定技术. 但是, 没有一种 DNA 序列的测序方法能够读出几百万长的序列. 对此, 人们只能采取分而治之的办法, 也就是逐段测序. 然而, DNA 序列那么微小, 它们不可能由我们随心所欲地自由分割. 虽然, 我们可以用酶或机械的手段把它们切开, 但是, 要准确地控制断点, 而后把片段按次序排好可 "没门儿". 所以, 即使每一段都能成功测序, 还有一个大问题是, 怎样能够把它们按正确顺序 "联成" 文本. 当然这二者都不是简单的问题. 对于它们的成功解决, 数学起到了不小的作用. 下面我们分别来看看这两个问题是怎样完成的.

I 短 DNA 序列的测序原理和数学

Sanger 是世界上第一个解决测序问题的科学家, 他因此在 1958 年和 1980 年两次获得诺贝尔化学奖. 粗略地讲, 他的测序思想如下: 对于一个长度为 N (通常 N 为 1k~2k) 个核酸的 DNA 序列：

（1）对每一个 m（$0 < m < N+1$），利用化学反应,可以得到从它的起始点到第 m 个核酸为止的子序列的大量拷贝，即从待测核酸序列就可以获得从序列的起始点开始的不同长度的许多片段，这是因为 DNA 序列具有以自己为模板，由个别的核酸，顺序拷贝模板链，而得到它的对偶序列（按照对偶法则，A 与 T，C 与 G 互为对偶，得到的序列）的特性. 然而，这个拷贝的过程是利用 Sanger 提出的末端中止法，对所有的 m 同时进行的：即在普通的脱氧核糖核酸（DNA）中，加入部分双脱氧核糖核酸（无 OH-基核糖核酸），并对这些双脱氧核糖核酸按 A，C，T，G，用放射性标记，染成不同的颜色. 在通常的核酸溶液中，顺着一个模板链，化学反应会按照对偶法则，逐个用上一个核酸的 OH-基捕捉下一个对偶核酸，形成模板链的一个对偶拷贝序列. 当我们在普通核酸中加入了部分双脱氧核糖核酸后，如果在第 m 步反应捕捉到的是一个双脱氧核糖核酸，由于它没有 OH-基捕捉下一个对偶核酸，反应就中止了. 于是我们就得到了一个长度为 m 的对偶拷贝. 由于双脱氧核糖核酸均匀地分布于普通核糖核

酸中，在模板链上的每一个核酸位置，都有同样的可能捕捉到一个双脱氧核糖核酸对偶．所以，我们所得到的是长度按均匀分布的不同长度的拷贝的混合物．其中每一条拷贝出来的核酸链，按它的最后一个核酸的种类染成了不同的颜色．

（2）让此不同长度的拷贝的混合物通过在电场作用下的凝胶板．由于各种长度的序列的质量不同，在通过凝胶板时的阻力也就不同，需要的通过时间与其序列的长度大致成比例．如果一个序列拷贝通过凝胶板的时间是严格与其长度成比例的话，那么每一个时间段到达的拷贝应该是同样颜色的，这个颜色就指出了原被测序列的第 m 个核酸（拷贝中止核酸）是什么．可惜事实不是那么简单，一个拷贝通过凝胶板的运动，实际上是一个随机过程的现实，它到达凝胶板终端的时间，也是一个随机变量的现实．按各种长度的拷贝到达凝胶板终端的时间排列起来，我们就可以统计出每一个"时刻"到达的各种颜色的拷贝的数目．图 10 显示了这种统计结果的一个小段．对每一个单位时间间隔内，到达的各种颜色的拷贝数进行统计分析，我们就不仅可以较准确地估计出第 m 个

核酸是什么，而且还可以给出这一估计是正确
的概率. 由这个概率我们就可以得到测序的可
靠度.

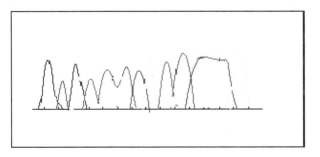

图 10　测序中的各种核酸统计图（不同颜色分别代表
不同核酸的数目统计）

　　一般情况下（例如图 10 中的前半部分），
在一个单位时间间隔内，到达的各种颜色拷贝
数目有明显的差别，这时统计推断并不困难.
事实上，如果将在该单位时间间隔内第 k 种核
酸到达的拷贝数记为 m_k，那么，在该单位时间
间隔内到达的是第 k 种核酸的概率，就可以按
下式右边的"频率"来估计：

$$P_k = m_k/m, \quad (m = m_1 + m_2 + m_3 + m_4).$$

于是，由最大似然估计方法[①]我们就可推断出，

①"最大似然估计"是数理统计中最常用，最重要的参数
估计方法，参见附录 2.

该单位时间间隔内"应该"到达的（即在序列的相应位置上的）核酸就是使得 P_k 取得最大值的那一种（我们将它记为第 k^* 种核酸）. 这时我们还可以用相应的 P_{k^*} 来估计上述推断的可靠度. 在测序的软件中，常用

$$10 \lg (1/(1 - P_{k^*}))$$

表示该核酸的"测序质量"（即可靠度，或可靠性分值），它是 P_{k^*} 的增函数. 这一个概念和 Shannon 描述一个随机事件的不确定性的信息熵[①]有些类似. 在正常情况下，正确测序的核酸的可靠度都在 10 以上（即相应于 P_{k^*} 大于 0.9）.

然而，有时情况会远为复杂：在一个单位时间间隔内，到达的各种颜色的拷贝数目差别不够明显，（例如在图 10 中的尾部的相交部分），于是，上述统计推断的可靠程度就会很低，因为各种核酸出现的概率很接近，从而所得结果不能被采信. 这时就有必要同时利用若干个邻近位点（单位时间间隔）的拷贝数目，采用更为复杂，更为精确的数理统计方法来进行推断（参见 [LKW]）.

当 m 很大时，拷贝到达时间的随机误差就

---

① 信息熵的概念参见附录 1.

会大大增加,以致上述难以分辨的复杂情况频频出现,统计推断就无法达到应有的精确度.因而,在测序时往往在超过一定长度时,我们的推断就无法正常进行,只能被迫中止.这就是,为什么在大规模测序中,出现各读出序列片段长短不一(一般达到精度要求的序列长度大约在 300～700 个核酸左右)的原因.

Ⅱ 基因测序拼接中的故事

在基因测序中,通常只能分别正确读出许多长度约为 300～700 个核酸的子序列(称为一个 Read),其中大多数序列都会和另外几个子序列有重叠. 这样,利用序列的重叠信息,就可以将它们拼接起来. 这正如把一本书的多个拷贝各自撕成不同小片,混在一起时,我们可以利用小片的重叠将它们拼接起来,以恢复原书 (见图 11 的上图).

但是,这里出现的问题更为复杂. 因为全序列很长(至少几百万到千万个核酸),而且会出现很多重复序列 (它们是多个几乎一样的序列,出现在基因组的不同位置. 这里所谓的"几乎一样",意味着不完全一样,允许有少量的变异,删除和插入) 及随机错误(测序错误).

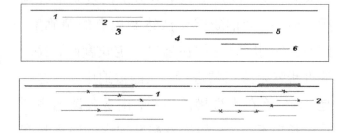

图 11　拼接示意图（图中灰色部分表示重复序列）

随机错误使得重叠不完全，这也就使我们分不清两个序列是真的重叠，还是来自不同位置的重复序列，只不过表面上几乎一样．这样使拼接问题变得十分困难，拼接的正确性很难保证．在图 11 的下图中，我们可以看到，由于有重复序列（两个由灰色标出的线段），这时就无法利用重叠性来判断在 1，2 两个片段中，那个应该接在前面的重复序列上，那个应该接在后面的重复序列上．事实上，当我们测序的对象是几千万，甚至上亿个核酸的序列时，不可避免地会出现大量的重复序列，为此，在十几年前，人类基因组计划设计了物理图谱：即在基因组上每隔 1 兆至 2 兆个核酸作一个标记（这种标记序列在全基因组序列中只出现 1 次）．将整个基因组按标记的出现分割为长为 1 兆至 2 兆个核酸的片段①,以减少每个片段中的重复性. 然后,再行分别测序,并按标记进行段间的拼接(参见[H]). 物理图谱的制作花费了人类基因组计划组织约十年时间.

以 Cerala 基因公司为代表的另一些科学家,则设想了另一种途径:一般,在测序时常将被测序列切成较短(一般长为 $2k$ 个核酸左右)的序列片段,利用新式的毛细管凝胶板测序仪,进行两端测序. 即读出其两端的两个约 $300\sim700$ 个核酸的序列的两个 Read. 这样的一对已知其两端大约距离的 Read,称为一个 Mate. 将 Mate 的两端读出,并存储在一起,就还可以提供其两个 Read 外端间的大约距离为 $1k\sim2k$. 其实,此前,两端测序是生物学家为了提高测序效率而采用的技术,在拼接时并没有使用 Mate 所提供的信息,而只利用了其中的两个 Read 读出序列. Cerala 的科学家则充分利用两端测序得到的 Mate 信息,不作物理图谱,仍然对果蝇全基因组的常染色质部分

043

① 分割为长 1 兆至 2 兆个核酸的片段的原因是,在这个长度的序列中出现两 Read 包含同一大片的重复序列的概率足够小(参见 p.15(2)).

(约1亿2千万个核酸)成功地进行了测序及拼接,从而就节省制作物理图谱的大量人力和财力(参见 [M]).

这个结果表面上看起来,似乎难以想像.其实,它的原理是经过数学的推算得到的下面的事实:如果一个被测序列通过一个重复序列多次,在通过此重复序列的每一分支上,它都能够被至少一对 Mate "界住"(意思是,重复序列处于每一个 Mate 的两端 Read 之间),而且所有 Mate 的两端 Read 都不在其他 Mate 的两端之间,那么我们按照 Mate 的提示,就知道 Mate 的左端 Read 到它的右端 Read 距离差不多等于 2k,而到其他 Mate 右端 Read 距离都比之大得多 (见图 12 的下图). 可见,一个 Mate 的左端 Read 向前拼接,通过重复序列后,应该

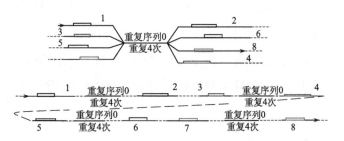

图 12　两端测序用于重复序列的分解

紧接到它的右端 Read. 由此, 就可以解开由重复序列引起的"迷结". 例如在图 12 中, 重复序列 0 在全序列出现了 4 次, 使得 1~8 各支段形成了一个"迷结".

在图 12 的"迷结"问题中, 每一种颜色的一对小长方块代表一个 Mate 的两端的两个 Read, 它们之间的连线通过重复序列 0. 当向前逐段连接时, 从标号为 $2n-1$ 的 Read 前进, 通过重复序列后, 应该紧接到同色的标号为 $2n$ 的 Read 去 ($n =1, 2, 3, 4$). 这样, 这个由重复序列引起的 1 至 8 各支段的"迷结"就解开了(参见图 12)——它们应该如图 12 的下图那样连接起来.

从后面的计算, 我们可以看到, 通常对于经常发生的重复序列, 为什么大部分可以被 Mate "界住". 一般两端测序时, 可以读出其两端的约 300~700 核酸的两个 Read. 而且可以知道这两个 Read 之间的距离大约为 2k. 事实上, 在两端测序中, 通常每读出一个 Read, 都同时得到一个 Mate, 除非在两端测序中, 有一个发生严重测序错误, 而不能使用. 而从发生严重测序错误的概率 (通常可以由经验统计出这一概率), 可以估算出当一个重复序列每次

在被测序列上出现时，在其两端外 1 至 2k 范围内，不出现一对组成 Mate 的正常 Read 的概率是很小的．此外，如果某一个重复序列，在一个 Mate 的两个 Read 之间只出现一次，那么，此 Mate 就"界住"了这个重复序列的这一次出现的序列段．然而，一个长于 100 个核酸的重复序列，在某个 Mate 中多次出现的概率是极小的（其估计方法见 53 页第 (2) 段所述）．而对于短于 100 个核酸的重复序列，由于它通常能够完整地被某一个 Read 覆盖（通过概率的计算也可以知道这一概率是近于 1 的），所以这样的重复序列，不会引起任何拼接的不确定性．由此可见，只要一个重复序列不长于 2k，利用通常测序所得到的 Mate，就会解开它们形成的迷结．这样一来，我们只剩下很长的（大于 2k）重复序列所形成的迷结有待解决．对此，Cerela 的科学家专门设计了两端距离为 10k 和 100k 左右的 Mate，用这种长的 Mate，可以解开长序列形成的迷结，其原理与上述类似．

此外，Mate 不仅可以解开重复序列形成的迷结问题，而且对于很多序列缺失引起的短断口（缺几百个以内的核酸），按照同样的原理，Mate 还可以指出跨越断口的前进方向，从而使得序列的拼接在整体上得以完成(意思是,如果忽略断口中的那一段内容,我们可以得到一个正确的拼接方式).

Ⅲ 精确拼接的 Euler 方法

在 2001 年以前,几乎所有的拼接软件都是近似的,其中最为广泛采用的算法,是人类基因组计划组织提供的 PHRAP 软件. 它的基本原理是对 Read 进行两两的比对,找出全部首尾重叠超过一定长度和精度的 Read 对,然后将所有首尾重叠的 Read 对连接起来. 这里在比对的时候,容错性是非常必要的,否则我们将错失大部分实际上首尾重叠的 Read 对,而不能将序列拼接起来,这是因为在测序中不可避免地会有每位 1% 到 3% 的错误. 容错比对的采用,使得这类序列拼接方法不仅要求很大的计算机容量,而且不可避免地会造成许多拼接错误(见下面的计算). 2001 年在美国科学院院报(PNAS)上 P. Pavel, H. Tang 与 M. Waterman(参见[PTW])提出了拼接的 Euler 路径方法,使得拼接计算在空间和时间两方面都只是序列规模的线性函数(计算的容量和速度都小到成为可实现的程度),而且其拼接质量

近于是精确的.

Euler 路径问题和 Hamilton 路径问题

Euler 路径问题起源于所谓哥尼斯堡七桥问题. 18 世纪在东普鲁士，有一个名叫哥尼斯堡的城镇（即现在俄罗斯的飞地加里宁格勒）有一条河，河中有两个小岛，有七座桥（见图13 左）将它们与河的两岸连起来. 在那里散步的人就提出一个问题：能否有一个走法，走过每一条桥，而且只走过一次. 1736 年 Euler 解决了这个问题，并提出了著名的"一笔画"的数学模型，被称为 Euler 路径问题.

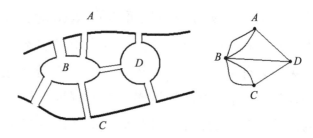

图 13　哥尼斯堡七桥问题及其 Euler 图

Euler 路径问题的数学模型是：给定一个由 n 个顶点和若干连接它们的边组成的连通图，所谓这个图的一笔画问题的解，是指一条经过该图的所有的边，而且每条边只经过一次

的,一条不中断的路径. 这种路径,称为 Euler
路径.

哥尼斯堡七桥问题就是将两岸及两个岛,
分别各看成一个顶点,每条连接两个顶点的
桥,看作连接此两个顶点的一条边. 于是,哥
尼斯堡七桥问题就变成了一个具有 4 个顶点, 7
条边,组成的图的一个一笔画问题. Euler 给出
了以下的著名定理 (其后,人们称之为 Euler 定
理):

一个图的一笔画问题的解存在的充要条件
是:除了两个顶点外, 连接到其他任何顶点的
边的数目都是偶数,而且连接到这两个顶点的
边的数目都各自是奇数.

而 Euler 定理中,具有连接边数为奇数的
两个顶点, 就分别是 Euler 路径的起点与终点.
如果我们将哥尼斯堡七桥问题的两个岛, 分别
记为 B 和 D, 河的两岸分别记为 A 和 C, 那么,
哥尼斯堡七桥问题就抽象地成为图 13 中右边
的 Euler 图. 从这个图我们可以看到, 通到 A,
C, D 三个顶点的边都是 3 条,从而 Euler 定理
的条件并不满足,因此, 由 Euler 定理可知, 哥
尼斯堡七桥问题的 Euler 路径不存在, 也就是
说没有一条路径可以通过全部七座桥, 而且每

座桥正好经过一次.

此外,还有一种 Hamilton 问题. 它是图上的另一种"一笔画"问题,就是对于一个图,我们问:是否存在一条连接所有顶点的路径,使它经过每一个顶点,而且只经过一次(这样的路径,称为 Hamilton 路径). Hamilton 路径的存在性与算法,要比 Euler 路径的存在性与算法复杂很多.

拼接问题,k-tuple 和 Euler 路径问题

前面讲到的文献 [PTW] 的基本思想是,利用 k-tuple(连续的 k 个字符子段)来表达序列. 例如序列:

TAGGCATTGCGAATT

用 5-tuple 的表示为:

TAGGC, AGGCA, GGCAT, GCATT,
CATTG, ATTGC, TTGCG, TGCGA,
GCGAA,CGAAT, GAATT

为什么他们要引进 k-tuple 呢?下面我们对于拼接问题来看看引进 k-tuple 的优越性.

(1)序列的 k-tuple 表示及其优点

在上面的例子中,每两个相邻的5-tuple

上，都有一个公共的 4-tuple，即前一个 5-tuple 的后 4 位，和后一个 5-tuple 的前 4 位是同样的，构成一个公共的 4-tuple. 例如在上面头两个 5-tuple TAGGC 和 AGGCA 就有公共的 4-tuple AGGC. 于是，这两个 5-tuple 的连接信息，也就是 A, C, T, G 出现的位置信息，大部分已经包含在 5-tuple 的内容里了，因为除非原序列中有重复的 4-tuple 序列，从一个 5-tuple $(S_1 S_2 S_3 S_4 S_5)$ 出发，下一个 5-tuple 中的左边必是 4-tuple $(S_2 S_3 S_4 S_5)$，如果假定所有的 4-tuple 序列都不重复出现，那么只会有一个 5-tuple 中的左边是这个 4-tuple $(S_2 S_3 S_4 S_5)$，从而，从任意一个 5-tuple 出发，右边只有唯一的一个 5-tuple 和它相邻. 于是，我们只要知道原序列中全部 5-tuple 的集合，不必考虑其出现的位置，就可以唯一地恢复原序列. 在这种简单的情形，利用 k-tuple 处理起来就很方便. 例如在上面的例子中，我们无需计较在集合

{TAGGC, AGGCA, GGCAT, GCATT, CATTG, CATTG, ATTGC, TTGCG, TGCGA, GCGAA, CGAAT, GAATT}

中各 5-tuple 出现的顺序，只要给出这一集合，就可以唯一地恢复原序列

$$TAGGCATTG\ GCAATT,$$

这是因为从此集合中的任何一个5-tuple出发，下一个 5-tuple 是唯一确定的，而从最后一个5-tuple（CAATT）出发，没有下一个 5-tuple，它自然是拼接的终点，这样自然就拼接出了全序列.

另一方面，对于两个长度为 n 的序列，在容错比对中如果不允许删除或插入，我们只需逐位作 n 次比较就可完成它们的比对；如果允许删除或插入，问题则变得复杂得多，因为我们需要考虑所有可能的删除或插入位置. 按照动态规划算法得到最优比对，就需要 n^2 量级的计算次数，这是因为一个删除或插入的出现将影响它后面的全部比对的对象. 当我们用 k-tuple 来表示序列时（$k \ll n$），在上面的简单情形下，因为位置信息已经基本包含于 k-tuple 集合中，我们只需要逐个比较 k-tuple，即使出现删除或插入，它只会影响包含这个删除或插入的 $2k-1$ 个 k-tuple，而对于其他 k-tuple 的比较，则毫无影响. 所以，对于允许删除或插入，但对错误率较低的序列容错比对，我们可以适当选取的 k，简单地作 k-tuple 的不容错比对，就可以得到可以无错比对的长于 k 的序列段. 由于拼接中要考察的是两个序列中是否有

错误率很低 (3% 以下)的公共序列段，正好符合上述"错误率较低"这一要求.

(2) k-tuple 的长度 k 的选取

当 k 很小时(如 $k < 6$)，上面的简单情形 ($(k-1)$-tuple 不会重复出现) 极少发生. 选取什么样的 k 是合适的呢？这就需要对于简单情形发生的概率进行计算. 但是由于这一概率的计算比较复杂，下面我们来计算一个较为简单的问题，以得到这个概率的一个下界估计. 并由此看出，任意一个 5-tuple 在 1M 长的核酸序列中的大量重复几乎是无可避免的.

将 1M 长的核酸序列近似地视为，以等概率取值于核酸集合{A，T，C，G}的一个独立同分布的随机变量序列. 将此序列分割为约 20 万个互不相交的5-tuple 段，我们先求此约 20 万段中没有两段以上相同的概率. 对于任意取定其中的一段(5-tuple)，其他段(5-tuple)没有和它相同的概率是 $(1-4^{-5})^{199999}$，约等于 1.25×10^{-87}，而平均的重复次数是 $199999 \times 4^{-5} = 195$. 可见，在 1M 长的序列中的任何一个 5-tuple 都以几乎为 1 的概率有很多重复. 但是，如果 k 取得大些，例如 $k=20$ 时，1M 长的

序列就分割为 5 万个互不相交的 20-tuple 段,在此 5 万段中没有两段以上相同的概率是$(1-4^{-20})^{49999}$,约等于 0.95,于是情况就很不一样了. 在 1M 长的序列中的任何一个 20-tuple 有重复的概率将不小于 0.05. 可惜的是,如此小的下界估计并没有实际的参考价值. 下面我们来估计在长为 2M 的基因序列中重复 20-tuple 出现的概率 P 的上界. 事实上,

$$P \leqslant \sum_{j=1}^{2M} p_j \sum_{l \neq j}^{2M} P(a_l = a_j) \approx 2^{21} \times 4^{-20} = 2^{-19},$$

其中 p_j 表示重复序列的第一个出现在 2M 长序列的第 j 位,所有的 p_j 总和是 1,a_l 与 a_j 分别是该序列的第 l 个与第 j 个 20-tuple. 可见,当 $k=20$ 时,在 2M 长的(近于随机的)测试序列中,20-tuple 的重复出现的概率是很小的. 当然在实际的基因组序列中,由于基因的重复拷贝等遗传机制,重复率会高些.

但是 k 也不是越大越合适. 事实上,假设在一个核酸位置上发生测序错误(包括错测、删除和插入错误)的概率为 p(通常 $p=1\%$ 到 3%),而且在各个位置上的错误的发生是相互独立的,那么,一个特定的 k-tuple 有错的概率是

$$q \equiv 1 - (1-p)^k,$$

在 $p=3\%$ 时,我们有

k	q
300	0.999
20	0.46

由此可见，一条 300 个核酸以上的序列，出错的概率就大于 0.999. 这就意味着在一个 Read 中读出的全部核酸几乎不可能没有错. 但是，如果 $k=20$，$p=3\%$，则出错的概率就减小为 0.46，而不出错的概率是 0.54. 这个概率似乎还是太小，不能接受. 不过，当我们注意到以下事实 就可以理解在大多数情况下，这样大的不出错的概率，已经可以基本解决问题了.

事实上，在全序列中出现的任意一个 k-tuple，一般都应该在多个 Read 中出现，因为测序的拼接，就是依靠重复版本的重叠来完成的. 如果不能保证大多数的位置有两个以上 Read 的覆盖，拼接是不可能实现的. 通常平均的重复度为 5 到 10 个版本，以保证绝大多数的片段能够实现正常拼接. 其实，这里只要保证每一个 k-tuple 在两个以上的 Read 中无错出现，就足以将各 k-tuple 连接起来. 所以，在这里问题的关键是，根据各种测序错误发生的小概率的值，及测序的重复版本数，计算出在全序列中出现的每一个 k-tuple 在两个以上的

Read 中无错出现的概率.

　　为简便起见，我们假设被测序列在每一位置上 4 种核酸均匀分布，而且在各个位置是独立同分布的（在全基因组的水平上，这一假定是近似成立的）. 考察一个被测序列上的 20-tuple($k=20$)，如果它能被 n 个（例如，$n=5，7，10$）以上的 Read 所覆盖，假定每一个 Read 在这个 20-tuple 位置上出错的概率是 q（这里我们取 $q=0.46$，它是上面算出来的在出错率是 3% 时一个 20-tuple 出错的概率），那么，由 $n=5，7，10$ 的二项分布 $B(n，1-q)$，就可以算出其中至少有两个 Read 在此 20-tuple 上没有错的概率是

　　$1-P$(此 20-tuple 在 n 个 Read 中均出错)
$-P$(此 20-tuple 在 n 个 Read 中恰有 1 个无错)，
$$=1-(C_n^0 q^n + C_n^1 (1-q)q^{n-1})$$
$$=1-q^n-n(1-q)q^{n-1} \quad (n=5,7,10)$$
它们分别是 $0.86，0.96，0.995$. 可见当覆盖度为 10 个版本时，被测序列上的几乎每一个 20 长的序列，都至少有两个以上的 Read 相应的 20-tuple 是正确读出的，因而它们是相同的. 进而，如果同一个 20-tuple 能从两个不同的 Read 中得到，那么，它很可能是被测序列上的一个

真正的 20-tuple, 因为, 两个 Read 在同一个位置上犯同样的测序错误的概率应该不大于

$$(0.03)^2(1/4) = 0.000225.$$

从而可见, 如果将在两个以上不同的 Read 中都出现的 20-tuple, 当成被测序列上的一个真正的 20-tuple, 我们最多只有 $2/10^4$ 左右的可能犯错误. 由此可见, 将 Read 分割成 20-tuple, 并将在两个以上不同的 Read 中都出现的 20-tuple, 称之为可信的 20-tuple (在文献 [PTW] 中称之为 solid tuple). 再将可信的 tuple 的全体, 当作被测序列上的一个真实的 20-tuple 的候选集合, 设法将它们连接起来, 就可以得到大部分的被测序列片段. 这时, 对两个 20-tuple 的重合性比对, 不再需要如软件 PHRAP 那样去作**容错**比对, 而简单地进行首尾的 19-tuple 的**精确**比对即可. 然而, 从前面的讨论我们已经看到每个长于 300 个核酸的 Read 几乎都会出错, 可见在软件 PHRAP 中不能作精确比对, 容错是绝对必须的.

综上所述, 我们可以看到 $k = 20$ 通常在应用中就是一个不错的选择, 因为它既能保证在被测序列中 k-tuple 的重复度较小, 又能对大部分被测序列上的 k-tuple, 得到相应的可信 k-

tuple(solid tuple)，从而避免了拼接中的"近似"比对，可以作简单的精确比对. k-tuple 方法成功的基本原理是，将各个 Read 用 k-tuple 表达时，如果 k 足够大，使得被测序列中 $(k-1)$-tuple 重复出现的概率足够小，而且 k 又不过大，还能使得在一个 k-tuple 中出现测序错误的概率足够小，那么，将每个 Read 用 k-tuple 表达，就可以大体完成被测序列的精确拼接.

我们上面的所有计算，都只考虑了最简单的情况. 对于复杂的情况，只作了非常粗略的近似估计. 例如，对于 k-tuple 的重复性的估计计算，需要用 Markov 链与 Stein-Chen 估计等较为深入的概率论工具，我们无法在此介绍. 此外，对要保证连接所需要的覆盖度的估计，是一个更为复杂的问题，需要专门的研究（参见[RSW]，[LHW]）. 对这些问题有兴趣的读者可以参考相关文献.

（3）从 k-tuple 到 Euler 路径问题

如果将每个 Read 用 k-tuple 来表示，再将全体可信的 k-tuple 组成的集合，记为 V. 于是，V 中的元素就几乎代表了被测序列上的全部真实的 k-tuple. 将 V 中的元素看成顶点，如果两个顶点所代表的 k-tuple 前后有 $k-1$ 个相重，就将此公共的 $(k-1)$-tuple 定义为连接那两个顶点的一条边. 这样，拼接问题就化为图的"Hamilton 一笔连"问题. 即求一条连接所有顶点的路径，使它经过每一个顶点，而且只经过一次.

组合数学的理论告诉我们，"Hamilton 一笔连"问题的解，是一个非多项式完全问题，其意思是：它等价于一类计算复杂度相同的计算难题，目前还没有任何多项式时间的算法可以解决这类难题中的任何一个问题. 这里的所谓多项式时间，是指计算时间是问题规模的多项式函数. 在 Hamilton 问题中，问题的规模就是顶点数.

然而，在我们这里的 Hamilton 问题是较为简单的. 因为每一个 k-tuple 对应的顶点，有而且只有两个边与之邻接（这时这两个边代表的 $(k-1)$-tuple 应该分别是这个顶点代表的 k-tuple 的前面的 $(k-1)$-tuple 与后面的 $(k-1)$-tuple)，从而我们可以将这种 Hamilton 图中的顶点当成边，并将边当成顶点，对于原被测序列的左（右）端的那个 k-tuple 没有左（右）k-tuple 邻接，我们就取它的左（右）

$(k-1)$-tuple 作为起始（终业）顶点，这样，从原图就增加了起始与终止两个顶点，而这两个 k-tuple 就是起始与终止两个顶点各自连向其他顶点的边（事实上，这样一来，全体顶点就是原被测序列的全体 $(k-1)$-tuple）。从而我们得到一个 Euler 图．特别要说明的是：并非任意一个 Hamilton 图，都可以简单地加上两个顶点而得到一个 Euler 图．另一点需要说明的是，在这个图中我们将相同的 $(k-1)$-tuple 作为同一个顶点．这个 Euler 图的路径问题，就是原图的 Hamilton 路径问题．对于我们的拼接问题而言，除了起始顶点与终止顶点以外，顶点总是两个 k-tuple 的公共的 $(k-1)$-tuple．所以，连接它的边总是成对出现的．因此，这个 Euler 路径问题总是有解的．我们知道 Euler 问题是一个 P 完全问题（多项式完全问题），有比较成熟的计算方法．所以，我们的大规模拼接问题就在这个数学框架下，成为一个可以实际计算的问题．

（4）重复序列的迷结的解开

到此为止，我们利用 Euler 路径进行拼接的问题，并没有真正解决．Euler 定理和相应的计算方法, 只提供了求得一个解的算法. 如果 Euler 图中有多个相交的封闭环路, Euler 问题的解就不唯一了, 因为这时有许多不同的通过顶点的连接方法. 事实上, 在众多不同的解中, 只有一个是我们真正要找的正确拼接的解. 所以, Euler 问题解的不唯一性, 给拼接问题带来了严重的困难. 这里困难的实质是, 路径重复地经过某些顶点 (或顶点集), 也就是说, 这些顶点所代表的 $(k-1)$-tuple (或序列段) 在原序列上重复出现. 可见, 它和前面所讲到的重复序列迷结问题, 在数学上是同样的问题. 为了解决这个困难, 文献 [PTW] 的作者又找回通过重复段的全部 Read, 来指引解开重复的 $(k-1)$-tuple 形成的迷结. 因为, 从一个分支出发, 通过重复段时沿着一个 Read 逐个按 k-tuple 精确匹配的延伸, 显然是一个正确的延伸. 于是, 文献 [PTW] 就为如此得到的延伸建立了一条新的路径, 从而将它们从重复序列的迷结中分离出来. 但是, 当一个 Read 上出现测序错误时, 这样的延伸就无法进行了. 为此, 在文献 [PTW] 中, 采取了一个重要步骤, 即利用 Solid k-tuple 去修正 Read 上发生的错误, 即对于一个 Read 上的非 Solid k-tuple 部分, 找

出修改次数最少的由 Solid k-tuple 组成的修改序列，并以此代替原来的 Read. 于是在修改后的 Read 上的 k-tuple 就全部都是 Solid 的，因而沿着 Read 的延伸不再受阻.

读者也许会问，这样的修改和软件 PHRAP 的近似比对有什么差别呢？

由于测序得到的 Read 中，不可避免地会出现少量错误，软件 PHRAP 在拼接 Read 时，就必须在比对时允许出现这种错误，从而，只能无视一个重复序列的不同出现版本之间的个别核酸的区别，而在比对中将它们错误地当作同一个核酸的错误测序读出. 这样，如果有一个重复序列在不同的地方出现（称为两个重复版本），这两个版本有个别的核酸由于发生变异而不同，那么，在覆盖第一个版本的所有 Read 中如果没有错读，就应该和第一个版本是一样的；而如果发生错读，则错读发生的位置和错误方式，在各 Read 上以近于 1 的概率各自不同；但是，如果在另一个版本中有个别核酸发生变异，则应该在所有覆盖那个版本的 Read 中都出现同样的变异，而错误恰恰发生在变异的位置，并以与变异相同的方式发生的概率是极小的（小于 $(0.03)(1/4)=0.0075$）（见

图14）. 当我们考虑 k-tuple 表示，又作精确比
对时，包含此变异点的 k-tuple 和其他重复版本
的相应位置的 k-tuple，一般会有两个不同的
Solid k-tuple，来分别代表重复版本中出现的相
应位置的 k-tuple，它们在 Euler 图中是不同的
顶点，在文献 [PTW] 修改 Read 时，只修改那
些非 Solid k-tuple 对应的 Read 部分（即只在一
个 Read 中出现的 k-tuple），从而，在软件
PHRAP 中的近似比对中，将测序错误和重复
序列的变异混为一谈的错误，就不再发生. 此
外，k-tuple 的精确比对方法的计算速度，远高
于软件 PHRAP 的容错比对，前者约为规模的
线性函数，后者约为规模的二次函数.

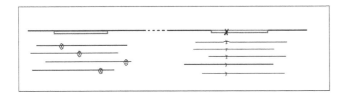

图 14　测序错误与重复序列的变异

在图中两个灰色的长方形表示一个重复序列的两个版本，×表示在
第二个版本中和第一个版本有不同的核酸，因而在它的各 Read 中在
同一位置都出现这种变异；而在第一个版本的不同 Read 中发生的测
序错误却出现在不同位置.

（5）利用人工 Mate 解决 Euler 路径的迷结问题

[PTW]中提出的 Read 的错误的修改，是一个耗时非常大的任务（大约占整个拼接时间的一半）。上面我们已经算过，当取 $k=20$ 时，一个 20-tuple 中出错的概率约为 0.46。可见，由 Read 得到的近一半的20-tuple都是需要修改的。这说明 Read 的错误的修改的效率不高。

另一方面，正如 Cerela 科学家指出的，Mate 信息是解决重复序列形成的迷结的一个有力工具，这就启示我们，解决迷结问题并不需要详细的知道序列每向前接一步的 k-tuple 是什么，而只要知道在重复序列的前后各一个 Solid k-tuple，以及它们间的大概距离，就足以将重复序列的迷结解开。在这里，我们引入了"人工 Mate"，以替代 [PTW] 中的校正步骤，使得计算速度进一步加快，而且还避免了校正时可能发生的错误（参见[PDQ]）。

"人工 Mate" 具体的作法是：当我们从 Read 上读取 20-tuple 时，将每隔 s 个（例如，$s=100$）核酸的两端的 20-tuple 做上标记，形成一个 s 长的人工 Mate。利用这样的人工 Mate，与前述的 Cerela 的拼接思想类似地,我们就可以解开长度较短的重复序列形成的迷结,而不须要作 [PTW] 的修正.

上述作法只能解决大部分 20-tuple 的序列拼接问题 (即用 Read 能够引导解开的迷结),而遗留了结构更为复杂的长距离的序列迷结的连接问题. 对此, Cerela 的两端测序 Mate 的使用,可以解决其中的一大部分问题. 余下的问题大都是复杂的测序错误和重复序列问题纠缠在一起形成的极为困难的问题. 这些问题的解决,需要用更为复杂的方法,在这里我们不再一一细说,希望了解细节的读者,可以参考 [PDQ].

(6) 进一步的问题

在上面的讨论中,我们都忽略了小概率事件. 也就是说,上述方法可以将全序列的大部分连接成片. 但是,在这里小概率事件是不能真正忽略的,例如,一个长为 2 兆的序列 (这是常见的被测序列长度),即使有平均 10 个版本的覆盖度,但是,由于分割是随机的,也会出现少量没有 Read 能够覆盖的部分. 当覆盖度较小时 (例如覆盖度为 5, 7),没有 Read 能

够覆盖的部分会大大增加. 这时, 完全地拼接出原序列是根本不可能的. 如果要求精确拼接 (即要求每个20-tuple 都有两个以上的 Read 覆盖来验证其可靠性), 那么就会有更多的机会出现达不到这种要求的情况. 但是, 利用 Mate 信息及人工 Mate 信息, 却不仅可以拼接出一个含有 "缺口" 的全序列 ([PTW] 中称之为 Scaffold), 而且还可以对缺口长度和性质给出估计, 供使用者参考: 即指出关于这个缺口是没有信息 (根本没有 Read 经过), 还是没有精确核对的拼接信息 (有 Read 经过该缺口, 但是没有重复的 Read 来验证它们是可信的 (Sol-id)). 如果缺口是后者, 那么我们可以利用相应的 Read 把缺口补起来. 其实如果发生第一种缺口, 任何人都不可能将其补好. 不过, 从实践的观点看来, 如果所有第一种缺口的长度都是很小的, 这已经是一个比较满意的测序拼接结果了. 对于缺口的讨论, 可以参见 [LiXM].

此外, 有时在有的被测序列片段上, 由于序列的各种生化结构的特殊性, 我们很难得到它们的正确测序. 于是, 这时出现缺口也是不可避免的. 例如在 Cerela公司对果蝇全基因组测序时，采用鸟枪（shot gun）法打断序列，但是由于其异染色质部分（约占1/3）的两条链纠缠在一起，在测序时，就很难得到其互补的拷贝序列，因而也就无从拼接出这部分序列．然而，这里的问题是生物学的问题，根本不是拼接方法所能解决的问题了．

8 序列比对 (alignment) 算法

在分子生物学中，对于许多问题的了解是基于比较而得到的．例如，在一组不同物种的生物中，考察编码某一个具有相同功能和共同遗传祖先的蛋白的基因（同源基因），分析其共同点和不同点时，最常用的计算分子生物学方法就是，设法得到这组物种中编码该蛋白的相应基因，对它们进行比较．又例如，如核糖体蛋白这类基本的蛋白，几乎所有的独立繁殖的生物，都必须含有这类蛋白．如果已知在一个物种（例如酵母）中编码某一个蛋白（例如某核糖体蛋白）的基因，要问在另一个物种（例如果蝇）中，它的同源基因是什么？由于可以在公共数据库中得到果蝇的全基因组序列，我们只要将该基因和果蝇的基因组序列逐段比较，找出其中与已知基因"最相像"的片段，再从这个片段扩大搜索，就可进而找出在果蝇中可能同源的基因序列. 但是，这里的比较可不是一个简单的任务，因为比较的对象之间可以在长期的遗传和进化过程中出现许多删除和插入引起的差别，甚至，它们的序列长度一般都很不相同，这样，简单的逐个元素的比对，就不能完成我们要求的任务了. 从下面的例子我们可以看到，序列 a 和序列 b 其实只有两个核酸删除的差别，但是简单比对，却得到无一核酸相同的结果：

序 列 号	序 列	正确比对结果
a	ATGCGTAC	ATGCGTAC -
b	TGCGTACG	-TGCGTACG

如何才能找到正确的删除（插入）位置，得到正确的比对呢？

实际上，这可以化为一个最优化问题. 设有长度分别为 m 和 n 的两个序列：

$$X = (x_1, x_2, \cdots, x_m),$$

$$Y = (y_1, y_2, \cdots, y_n),$$

现在要找出最优的全局比对方案，即在 X 与 Y

中分别加入若干插入，使得它们符合得最好．这里我们只须考虑"插入"，因为 X 序列上的"删除"就是 Y 序列上的"插入"；而 Y 序列上的"删除"就是 X 序列上的"插入"．这里还要解决一个"最好"的度量（比对最好的标准）问题．如果简单地把它设置为"使得这两个序列能够符合的位数最大"，则问题的提法是病态的，因为如果对于"插入"不加以"惩罚"，那么"插入"加得越多，可对上的位数往往就可能越多，而这样的比对过于零散，并非我们期望的比对．引入比对优劣的打分标准，是解决上述病态问题的有效方法．最常用的打分方法是采用如下的线性打分函数：

$$F = l\lambda - m\gamma - n\delta,$$

其中 l 是符合比对的位数，λ 是每位符合比对的得分，m 是插入的位数，γ 是每位插入的罚分，而 n 是误对的位数，δ 是每位误对的罚分．这种罚分函数虽然简单，便于操作，但是不很合理，因为在实际的比对中，人们直观上认为，连续的插入比分散的插入为好．从而，应该减小对于连续第 k 位插入的罚分，例如，第 k 位插入只罚分 $\gamma(k)$（其中 $\gamma(\cdot)$ 是一个单调下降函数），那么，打分函数就变成

$$F = l\lambda - n\delta - \sum_{i=l}^{l} \sum_{k=l}^{K_i} \gamma(k),$$

其中序列中出现 l 次插入，第 i 次插入了 K_i 位.

如果简单地采用穷举法寻找得分最高的比对方法，计算的重复次数将惊人地巨大，这是由于我们共有

$$C_{n+m}^n = \frac{(n+m)!}{n!m!}$$

种全局比对的方案. 事实上，用阶乘的 Stirling 近似公式就可以得到重复次数是指数量级的：

$$\frac{(n+m)!}{n!m!} \approx \frac{l}{\sqrt{2\pi}} \frac{(n+m)^{(n+m)}}{n^n m^m} \sqrt{\frac{n+m}{nm}}$$

$$\approx C e^{(n+m)[\ln(n+m) - \min(\ln(n, \ln, m))]}.$$

下面介绍的动态规划算法，由于动态规划算法采用了递推计算，可以使计算复杂性降为 $O(nm)$.

I 序列的全局比对的 Needleman-Wunsch 动态规划算法

对于序列的全局比对，前述的线性罚分函数的优点是：可以得到一个简单的，递归的动态规划算法，称为 Needleman-Wunsch 动态规划算法. 它的思想是：考虑长度分别为 m 和 n

的序列 $X = (x_1, x_2, \cdots, x_m)$ 与 $Y = (y_1, y_2, \cdots, y_n)$ 的比对，在采用线性得分函数时，如果我们已经知道了 $X = (x_1, x_2, \cdots, x_{k-1})$ 与 $Y = (y_1, y_2, \cdots, y_{j-1})$ 的最优比对得分是

$$F(k-1, j-1),$$

$X = (x_1, x_2, \cdots, x_{k-1})$ 与 $Y = (y_1, y_2, \cdots, y_j)$ 的最优比对得分是

$$F(k-1, j),$$

以及 $X = (x_1, x_2, \cdots, x_k)$ 与 $Y = (y_1, y_2, \cdots, y_{j-1})$ 的最优比对得分是

$$F(k, j-1),$$

那么 $X = (x_1, x_2, \cdots, x_k)$ 与 $Y = (y_1, y_2, \cdots, y_z)$ 的最优比对罚分是

$$F(k, j) = \text{Max}\{F(k-1, j) - \gamma,$$
$$F(k, j-1) - \gamma,$$
$$F(k-1, j-1) + d\},$$

其中在 $x_k = y_j$（即正确比对）时，$d = \lambda$；而在 x_k 与 y_j 不同时（即错对时），$d = -\delta$. 我们并且简单地取初始值：$F(0,0) = 0$，就可以递归地得到所有 $\{F(k, j)\}$ $(k = 0, 1, \cdots, n; j = 0, 1, 2, \cdots, m)$. 将其列为下面那样的表格，就不仅可以从表格的右下角得到原来两个序列的最优比对得分 $F(n, m)$，而且可以找到最优比对方式. 其作

法是：我们在每推进一步得到新的 $F(k, j)$ 时，在表上记录下得到最大值的途径，即：如果

$$F(k, j) = F(k-1, j-1) + \lambda,$$

就在 (k, j) 和 $(k-1, j-1)$ 之间画一个箭头；如果

$$F(k, j) = F(k, j-1) - \gamma,$$

就在 (k, j) 和 $(k, j-1)$ 之间画一个箭头；而如果

$$F(k, j) = F(k-1, j) - \gamma,$$

就在 (k, j) 和 $(k-1, j)$ 之间画一个箭头. 这里每个水平箭头表示在序列 Y 上发生一个插入；每个垂直箭头表示在序列 X 上发生一个插入，而一个斜箭头表示一个正确比对（如果 $x_k = y_j$）或者一个错对（如果 x_k 与 y_j 不同）. 然后从 (n, m) 出发，按箭头回朔到 $(0, 0)$，就可以得到最优比对方式.

例如，我们要找序列 X＝（AACAGAC）和 Y＝（ACGAA）的最优比对. 取 $\lambda = \gamma = \delta = 1$，我们将逐次递归的结果列于下表中：

	X	A	A	C	A	G	A	C
Y	0	−1	−2	−3	−4	−5	−6	−7
A	−1	1	0	−1	−2	−3	−4	−5
C	−2	0	0	1	0	−1	−2	−3
G	−3	−1	−1	0	0	1	0	−1
A	−4	−2	0	−1	1	0	2	1
A	−5	−3	−1	−1	0	0	1	1

再回朔每前进一步得到新的 $F(k,j)$ 求得最大值的途径，并将其记录在上表中就得到下图：

	Y	A	A	C	A	G	A	C
X	0	−1	−2	−3	−4	−5	−6	−7
A	−1	1	0	−1	−2	−3	−4	−5
C	−2	0	0	1	0	−1	−2	−3
G	−3	−1	−1	0	0	1	0	−1
A	−4	−2	0	−1	1	0	2	1
A	−5	−3	−1	−1	0	0	1	1

上图中红色的箭头标出了两种路径（代表两种比对方式）：

$(5,7) \to (4,6) \to (3,5) \to (2,4) \to$
$(2,3) \to (1,2) \to (1,1) \to (0,0)$
$(5,7) \to (4,6) \to (3,5) \to (2,4) \to$
$(2,3) \to (1,2) \to (0,1) \to (0,0)$

它们都是使得 $F(5,7)$ 达到最优值"1"的路径. 在第 1 条路径中，有两个水平箭头 $(1,2) \to (1,1)$ 及 $(2,4) \to (2,3)$，意味着，在第一个序列 (X) 的第 1 位与第 2 位之间(对应于 Y 的第 2 位)以及第 2 位与第 3 位之间 (对应于 Y 的第 4 位) 各应有一个插入；在第 2 条路径中，

也有两个水平箭头 $(0,1) \to (0,0)$ 及 $(2,4) \to$ $(2,3)$ 意味着, 在第一个序列 (X) 的第 0 位与第 1 位之间(对应于 Y 的第 1 位)以及第 2 位与第 3 位之间 (对应于 Y 的第 4 位) 各应有一个插入. 从而我们可以得到以下两种比对方式:

方式 1: Ｘ Ａ － Ｃ － Ｄ Ａ Ａ
　　　　Ｙ Ａ Ａ Ｃ Ａ Ｄ Ａ Ｃ;

方式 2: Ｘ － Ａ Ｃ － Ｄ Ａ Ａ
　　　　Ｙ Ａ Ａ Ｃ Ａ Ｄ Ａ Ｃ

Ⅱ 序列的局部比对的 Smith-Waterman 动态规划算法

两个序列的局部比对,是指在两个序列中分别各找出一段连贯的子序列,使得它们的全局比对得分最高. 局部比对和全局比对的基本思想是类似的, 不过它又增加了两个选择参数: 子序列的位置和长度, 因而它与全局比对有两点不同: $F(i, j)$ 的初始化和递推公式不同; 回溯开始的位置不同.

局部比对中 $F(i, j)$ 的初始化: 我们在局部比对中只关心选出中间一段的比对效果, 所以, 在两头每推进一位的得分均为零, 从而如果

$$F(0,0) = F(1,0) = \cdots = F(k-1,0)$$
$$= F(0,1) = \cdots = F(0,j-1) = 0,$$

这意味着，在得到正分前一概得零分.

在局部比对中，$F(i,j)$ 的递推公式应改为：

$$F(k,j) = \max\{F(k-1,j)-\gamma, F(k,j-1)-\gamma,$$
$$F(k-1,j-1)+d, 0\}$$

这是因为我们要把保证全局比对的连贯的子序列段的得分比两头高. 在局部比对中，回溯开始的位置应由 (n, m) 改为使得得分函数 $F(k, j)$ 最大的 (n_0, m_0).

如果对上一段中的例子中的两个序列进行局部比对，那么我们就得到以下的计算表：

	Y	A	A	C	A	G	A	C
X	0	0	0	0	0	0	0	0
A	0	1	1	0	1	0	1	0
C	0	0	0	2 ← 1	0	0	2
G	0	0	0	1	1	2 ← 1	1
A	0	1	1	0	2 ← 1	3 ← 2
A	0	1	2 ← 1	1	1	2	2

这里追踪的起点是 $(n_0, m_0) = (4, 6)$，

$F(4, 6) = \max\{F(k, j)\} = 3$；而追踪的路径是

$$(4, 6) \rightarrow (3, 5) \rightarrow (2, 4) \rightarrow (2, 3) \rightarrow (1, 2).$$

它意味着局部比对选取

$$(x_1, x_2, x_3, x_4) = (A, C, G, A)$$

和

$$(y_2, y_3, y_4, y_5, y_6) = (A, C, A, G, A)$$

进行比对，比对结果是：

$$A \, C - G \, A \, a$$

$$a \, A \, C \, A \, G \, A \, c$$

其中大写字母表示比对的部分；小写字母表示
两头不参与比对的部分.

对于非常长的序列进行局部比对，Smith-
Waterman 动态规划算法的计算时间量级是

	Y	A	A	C	A	**G**	A	C
X	0	0	0	0	0	0	0	0
A	0	1	1	0	1	0	1	0
C	0	0	0	2	1	0	0	2
G	0	0	0	1	1	2	1	1
A	0	1	1	0	2	1	**3**	2
A	0	1	2	1	1	1	2	2

$nm^2(n<m)$.

Ⅲ 沈世镒的高效比对算法

当被比对的序列很长时，动态规划算法是很费时的. 例如，我们要在人类基因组中查找与一个 500 长的信号序列的同源序列，动态规划算法的计算量是不可忍受的. （读者可以自己估算一下大约的计算时间）.

沈世镒开发了一个高效的近似比对算法，使得其速度几乎是序列长度的线性函数（参见 [SYY]）. 这个算法的数学基础是概率统计分析. 实际上，两个序列之间的 Hamming 距离（两个序列不同的位置的个数）可以理解为某种意义下的相关函数，即如果两个序列无关，则每一位相同的概率为 1/4；如果两个序列是同源序列的两个变异，则每一位相同的概率为 $1-\alpha$，（其中 α 为变异率，它往往比 1/4 小得多）. 我们把一个很长的序列看成是独立同分布的序列. 寻找突变位移点(插入点)的统计判决算法就是利用逐段的相关函数，来估计突变位移点(即删除插入点)的位置.

选取适当的相关窗的长度 n，以计算两个序列上各自选定的长度为 n 的一段的 Hamming

距离，并利用此 Hamming 距离的值来判断这两段是否是同源的. 事实上，如果它们是没有插入同源的，那么每一位对不上的原因应该是由于突变引起的，它发生的概率是 α；而对上的概率为 $1-\alpha$；于是这两段的 Hamming 距离是一个随机变量，遵从二项分布 $B(n,\alpha)$，它的平均值是

$$n\alpha;$$

如果这两段是同源的，并在第 k 个位置有一个插入，那么它们的 Hamming 距离是两个随机变量 X 与 Y 之和，其中 X 遵从二项分布 $B(k-1,\alpha)$，而 Y 遵从二项分布 $B(n-k,3/4)$，而 $X+Y$ 的平均值是

$$(k-1)\alpha+3(n-k+1)/4;$$

如果这两段根本不是同源的，则它们的 Hamming 距离是一个随机变量，遵从二项分布 $B(n,3/4)$，它的平均值是 $3n/4$. 如果将参数 k 按以下情况分别取为 $0,1,2,\cdots,n$：这两段序列根本不是同源的，这两段序列是同源的并在第 1 个位置后有一个插入，这两段序列是同源的并在第 2 个位置后有一段插入，$\cdots$，这两段序列是同源的并没有插入. 于是，决定这两段长为 n 的序列的同源性及首个插入位置估计问题

就变为对于参数 k 的最大似然估计. 我们可以按区间估计的结果从最可能的值, 开始逐个试验, 找出最好的插入位置和个数.

将原来的两个序列中较短的一个分成长度为 n (通常取 n 为几百) 的若干段, 然后逐段将其沿另一序列向前滑动, 进行上述的近似比对, 对于估计结果为较高度同源的段, 我们可以按区间估计的结果从最可能的值, 开始逐个试验, 试探性地向前或向后跳过 k 个 (即插入 k 个), 找出匹配最好的局部插入方案.

这种近似比对方法, 在相似度大于 70% 时实现了一种次优比对, 其结果与最优解差在 3‰ 以下, 且通常可通过微调实现最优 (参见 [SYY]). 台湾工业研究院医学研究中心利用这个算法开发成功 FLAG 及 URL 软件包, 其中多项应用软件功能指标明显优于著名常用比对软件 BLAST 和 FASTA.[①]

Ⅳ　利用 k-tuple 的快速分段比对搜索

快速分段比对算法, 可以用来扩展信号序列 (如 cDNA (编码 DNA) 序列, 或 EST 序列

---

① 见 http://flag.bmec.org.tw 与 http://www.abl.idv.tw.

（编码序列的片断）），以得到相应的全基因序列（编码序列和不译区域）. 它的基本想法是：对于已知的信号序列,如果在一个基因组序列上,或其他序列数据库中，有和它同源的（基因）序列段,那么,利用序列比对就可以找出它们可能的大概位置，再在这些位置附近进一步搜索和分析，进而找出可能的相应的全基因序列（编码序列和不译区域）. 它是一项很有用的研究技术,特别对新基因发现、基因注释和功能性基因研究有重要意义.

这个技术可分为三步：

（1）分段比对:把信号序列分段并顺序定位，使得各段分别顺序与一个基因组序列或其他序列数据库中的序列段匹配. 这里须要进行分段比对的原因是,信号序列往往是 cDNA 序列，或其子序列 (EST 序列)，它们在真核生物的基因组序列上是被内含子隔开的若干个外显子连接起来的序列,对应于基因的编码序列部分. 所以,将信号序列和基因组序列比对时,需要进行的是分段比对(见图15).

（2）向两端延伸序列得到可以覆盖其可能的全编码序列和不译区域的序列，再利用基因注释软件确定基因的各部分：基因的编码区,转

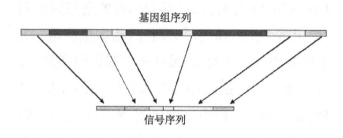

图 15

深黄部分是不被翻译的外显子，浅黄部分是编码蛋白的外显子，
它们都被绿色的内含子分隔开

录起始点(transcription starting site)，剪切点
(splicing Sites)，翻译起始点(translation start-
ing site)，转录终止点(transcription stop site)，
翻译终止点(translation stop site)，启动子序列
(启动转录的序列片段).

（3）把翻译序列库中附加信息标注到相应
的基因上．这样做的好处在于，当部分基因序
列在染色体上定位以后，基因识别的正确率可
以大大提高，而且还能得到基因的详细注解．
事实上，很多生物学家早已在手工或半手工操
作这个过程[MPWC 1998,MPWC 1999].

对第一步,J. Kant 和他所在的研究小组开
发了软件 BLAT 进行 EST 序列和基因组序列
的分段比对（ftp://ftp. cse. ucsc. edu/ pub/

dna/genes/). BLAT 比它之前的比对软件对于
DNA 序列要快 500 倍,对于蛋白序列要快 50
倍. 它的速度快的主要原因是它对于基因组序
列的全体不重叠的 k-tuple 一次性地作了索引,
比对时利用此索引对待查序列进行精确比对,
以迅速找出待查序列(例如 EST 序列)可能与
基因组序列同源的若干段大概位置(通常它们
对应若干个外显子);再对这些位置上的较短的
序列段,利用动态规划找出局部比对;然后把它
们允许有间隔地缝合起来成为长段的序列(例
如基因的 RNA 序列),以大大加快搜索速度.
最后 BLAT 再对可能漏掉的小的外显子段,利
用外显子两端的剪切位点的特征,做更仔细的
修正与调整.

这里参数 k 的选择是很关键的,它涉及比
对的容错率,待查序列的规模等因素. 其次,按
对于规定的同源段的长度范围,逐段确定是否
可能同源时,需要设计接受的标准. 正如我们
前面利用 k-tuple 作精确拼接时,计算合适的 k
值那样,这里也需要利用概率论来计算出合理
的 k,以及接受标准. 这里我们不能一一细说
了. 有兴趣的读者可以阅读文献 [K],得到详
细的信息.

　　此外,如果错误率较高(例如大于 5%),BLAT 的方法就无法找到合适的 k,这时我们还可以考虑 k-tuple 的容错搜索. 即一开始不作 k-tuple 的精确比对,而进行容小量错的比对. 相比于精确搜索,容错搜索是一个很难解决的问题. 在我们这个问题中,在普通 PC 的内存负荷能力内,普通容错搜索算法也会消耗大量的时间,以至无法在可实现的时间内完成搜索. 我们可以考虑一种阶段性地分片搜索算法,普通容错搜索的算法的时间是其几十倍. 例如,把 20-tuple 分解为若干片段,这样便可得到一些没有错误或错误较少（例如只有 1 个以下错误）的片段. 相应的搜索表,由几个用网络互相连接的片段搜索表组成. 每个片段搜索表,负责在较低错误下搜索片段. 由这些片段搜索的结果,再设法将它们综合起来得到最后的搜索结果. 这里的关键都在利用概率论估算出合适的子段长度.

9

模体(motif)搜索的概率方法

模体 (motif) 搜索是我们在生物信息学中时常碰到的一个关键问题. 所谓模体是指一些氨基酸 (amino acid) 或 DNA 的短序列. 模体是蛋白质功能、基因功能、蛋白质相互作用、基因网络等重要分子生物学问题研究的有力工具. 为了让读者对于模体问题有一些感性认识,我们先简单介绍一些生物学背景,再从一些例子出发来解释蛋白质、DNA 序列中的模体问题.

I 生物学背景

(1) 让我们先简单地介绍一下什么是蛋白. 蛋白是一切生命的基础, 每一种蛋白都是由 20 种标准氨基酸连成的长链,折叠而成(这 20 种氨基酸及其代码见表 1).在蛋白质中,一个氨基酸的羧基与另一个氨基酸的氨基脱水缩合形成肽键,此过程不断地重复,形成肽链(氨基酸的长链).肽链折叠成各种空间结构,或者再进一步组合装配起来,形成蛋白.肽链

表 1 20 种标准氨基酸符号代码表

Amino Acid	3 Letter Code	1 Letter Code	Silly Mnemonics
Alanine	Ala	A	
Argininc	Arg	R	arrrrgh!
Asparaginc	Asn	N	—
Aspartic acid	Asp	D	—
Cysteine	Cys	C	
Glutamic acid	Glu	E	—
Glutamine	Gln	Q	"Cutarninc"
Glycine	Gly	G	
Histidine	His	H	
Isoleucine	Ile	I	
Leucine	Leu	L	
Lysine	Lys	K	—
Methionine	Met	M	
Phenylalanine	Phe	F	Fenylalaninc
Proline	Pro	P	
Seine	Ser	S	
Threoninc	Thr	T	
Tryptophan	Try	W	"tWyptophan"
Tyrosinc	Tyr	Y	tYrosine
Valine	Val	V	

的主链是由各种氨基酸中共同的"C-C-N"部分的重复连接起来的. 所以, 一个由 n 个氨基酸连成的蛋白质, 就是一个 n 个氨基酸的肽链的折叠. 该蛋白的肽链就称为它的一级结构.

(2) 从基因到蛋白——中心法则

基因组是遗传信息的主要载体, 它由若干条染色体组成. 绝大多数的生物体的每个细胞中都有若干条染色体(它们在整个生物体的各个细胞都基本是一样的). 染色体是两条互补的 DNA(脱氧核糖核酸)长序列卷成的双螺旋. 一个生物体的各种细胞中的染色体是基本相同的. 染色体分成很多基因, 基因是蛋白编码和转录的基本单位. 如果把基因组看成是构建生物体的设计书, 那么一个基因就是其中的一章. 在特定的时间和空间条件下, 细胞中根据基因来生产蛋白. 也就是, 基因被转录 (transcription) 成为 RNA; 基因的蛋白质编码部分, 还要被进一步经过加工(剪切、连接)与修饰成为成熟的信使 RNA (mRNA), 然后, 在特定的细胞器-核糖体(ribosome)上, mRNA 被"翻译(translation)"成为肽链(peptide). 肽链经过进一步的折叠, 成为具有特定的三维结构的蛋白,

几个蛋白结合组装在一起,形成可以行使一定功能的蛋白质(protein). 这种 DNA-RNA-蛋白的信息传递的方式,就是生物学中著名的"中心法则".

（3）模体的概念

下面我们举例说明什么是模体. 给定一组具有同样功能的蛋白,已知它们的氨基酸(amino acid) 序列. 我们要问: 是否存在一组氨基酸的子序列段 (称为功能关键位点), 它们是使得这类蛋白完成该功能的关键段? 如果存在, 它们是什么? 上述这样的每一个功能关键位点 (即氨基酸的子序列段),就称为一个模体(motif). 在 DNA 序列中也经常出现这类问题. 例如,我们希望从一组基因的调控序列,找出调控它们的共同的转录因子和调控蛋白及其在 DNA 序列上的结合位点 (binding sites), 所谓转录因子和调控蛋白分别是指一些蛋白,参与这些基因的转录过程, 前者是形成转录的机构的基本部分, 而后者的参与可以增强或抑制该基因的转录. 转录因子和调控蛋白结合(bind) 到基因序列的一些短串上,形成启动转录的复合体,以调控各种基因在肌体的各种组织中,在各种不同发育阶段,按照遗传信息有序地、被不同地表达成蛋白. 在每个基因序列上的那些相应的短串,称为结合位点. 基因序列上的一个结合位点,也称为一个模体,它是一个标准的 DNA 短串,有时中间还允许有间隔. 一个模体在各个具体的基因(或蛋白)序列中出现时,还会有变异,删除或插入.

现在让我们用数学语言来描述上述这些概念. 令 A 为所有组成蛋白的氨基酸 (共有 20 种) 的集合, 即 $A = \{A, R, N, D, \cdots, Y, V\}$, A 中的元素个数为 20, 而其中 A, R, $\cdots$ 字母是 20 种氨基酸的单字母代码. 一个 n 个氨基酸的肽链(蛋白)就对应于 $a_1 a_2 \cdots a_n$, 其中 $a_k (k = 1, 2, \cdots, n)$ 为 A 中的元素. 给定 s 个蛋白, 就是给了 s 个 A 中元素组成的序列 (它们可以长短不一). 将它们记为 $\alpha^{(r)}, r = 1, 2, \cdots, s$:

$$\alpha^{(r)} \equiv \alpha_1^{(r)} \alpha_2^{(r)} \cdots \alpha_{n_r}^{(r)}, \quad r = 1, 2, \cdots, s.$$

于是功能位点的搜索, 就是要寻找一组 (设有 d 个) 短的子序列,

$$B = \{b_1^{(m)} b_2^{(m)} \cdots b_{l_m}^{(m)}, \quad m = 1, 2, \cdots, d\},$$

即一组模体, 使得在容错的意义下(即允许有少量错误), 每个 $\alpha^{(r)} (r = 1, 2, \cdots, s)$ 中都包含 B 中的大部分模体(短的子序列). 这里的"在容

错的意义下"，是十分含糊的，实际上，不同的作者对它有很不同的理解，从而有不同的数学模型，每一个具体的数学模型往往包含规定容错的具体含义.

当我们考虑 DNA 序列中的模体，而不是蛋白的模体时，上述的集合 A 就应该改为集合 $\{A, C, T, G\}$.

许多作者也将一个模体看成是一个随机的 DNA 或氨基酸的短序列串：由于变异、删除或插入，我们将模体在具体的序列中出现的不同的相应短子序列，看成它可以有的不同的取值（样本），并以其取不同值的概率（分布）来刻画此随机序列.

模体的一种最常用的简单随机数学模型是位置特异权重矩阵（position specific weight matrix，简写为 PWM）：假定没有删除或插入，并且各位的变异是相互独立的. 这时在具体的序列中出现的相应短子序列是等长的，即它们有相同位数（设为 n 个）的核酸（氨基酸），而且假设在第 i 位上出现 A 中的元素为 a 的概率是 p_{ia}，由于各位的变异是相互独立的，因而在各位上的分布是相互独立的. 从而短子序列的分布就是：

$P($模体序列出现为 $a_1 a_2 \cdots a_n) = p_{1,a_1} p_{2,a_2} \cdots p_{n,a_n}$
于是我们把矩阵 $P = (p_{i,a})$（其中 $i = 1, 2, \cdots, n$；a 取遍 A 中所有可能的值）称为权重矩阵（weight matrix，WM）．上面的等式说明权重矩阵刻画了这个模型下的序列的概率分布．

如果我们可以较准确地得到一组规模不很小的模体样本，那么我们就可以简单地用各位置上各种字符（氨基酸或 DNA）出现的的频率来估计权重矩阵的元素．可惜，一般地说，我们根本无法得到模体样本．从统计上说，就是这里的模型的参数和模体的样本序列都是未知的，我们能够得到的只是一组样本序列，其中每一个（或大部分）样本序列中都包含模体序列而已．这是一种典型的可以用统计计算的 EM 算法等工具来解决的问题．EM 算法的基本思想是先利用简单的方法，或者已知的生物学结果，凑合地估计出一个 WM（参数），然后由这组参数，利用 Bayes 原理，在序列上找出最符合这组参数（WM）下的模型的样本．再从这组估计得到的"模体样本"去统计（例如可以用最大似然估计）得到参数的新估计．反复地重复这一步骤足够多次，我们常常可以期望 WM 和模体样本序列都逐渐接近真实．详细的 EM 算法的原

理和作法,涉及更深入的概率统计知识,我们这里不能详述,读者可以参考 [GQ] 一书. EM 算法还可以利用 MCMC(Markov Chain Monte Carlo),Gibbs Sampler, HMM(Hidden Markov Model) 等方法来实现,它们的原理也可以在 [GQ] 中找到. 对于在模体搜索问题中,怎样灵活应用原理,安排模型,选择参数,比较优劣等问题,读者可以参考 [LNL].

以上的随机模型是比较简单的,它的假定在不少情况下是不满足的. 所以,关于模体搜索方法,至今仍然是一个有待进一步研究的问题. 下一段中,我们将介绍从另一种角度,解决模体搜索问题的思路.

II 决定性方法的模体搜索与"(15,4)问题"

如果只许利用决定性的方法,模体搜索会是一个极端困难的问题. 文献 [PS] 中用决定性的方法,研究了这个问题的特殊情形,即在 M-tuple 中允许 n 个错误的情形(称为 (M, n) 问题,其中最复杂的是(15,4)问题),即已知在 1.(3)中的 $d = 1$, $l_1 = M = 15$, s 等于 20 到 30, n_r 在 1000~5000 之间,不许有删除或插入错误，最多容许有 $n=4$ 个替换错误，且 $A=\{A,$ C，T，G\} 的情形. 在他们 (2002 年) 之前，没有人能够在现实的时间内计算出 (15,4) 问题的答案来. [PS] 首次得到了这一问题的计算结果. (15,4)问题之所以非常困难，是由于在 15-tuple 中如果允许出现 4 个错误，在未知正确的模体序列时，要在各样本序列中找出可能的模体出现序列，就变得极端复杂. 在最坏的情形下，两个样本序列中出现的模体序列，最多可能有 8 位不同. 事实上，与一个给定的 15-tuple 有 8 位不同的 15-tuple 的总数是 $\binom{15}{8} \cdot 4^8 =$ $6435 \cdot 2^{16} = 6435 \cdot 1024 \cdot 32 = 210\ 862\ 080$ (2 亿多)，它们占全体 15-tuple 的约 3/8，如果没有好的数学模型，近于穷举的办法的计算量将大到不可能实现.

[PS] 中的方法的思想是，将某个任意取定的一个样本序列 $\alpha^{(i)}$ 中第 k 个位置开始的 15-tuple，记为 $\alpha_{ik.}$，作为一个顶点 (vertex). 全体顶点的集合记为 V，即

$$V = \{\alpha_{ik} : i = 1, 2, \cdots, s; k = 1, 2, \cdots, n_i - 14\}$$
$$(\text{重复的只记一次}).$$

对于任意一对 α_{ik} 和 α_{jl}，如果 i 不等于 j，且它

们的 Hamming 距离 (不同的位置的个数) 不大于 r, 则在它们之间连一条 r_- 边 (r-edge). 这样就构成了一个以 V 为顶点的图 G_r (graph G_r). 在一个图中, V 的一个子集合 C, 如果其任意一对顶点都有 r 边相连, 则称 C 为一个 r 堆 (r-clique). 于是, (15, 4)问题的模体寻找, 就归结为寻找一个顶点数为 s 的 8-clique 问题. 事实上, 以下的定理就说明了, 得到 8-clique 是解决 (15, 4) 问题的关键.

定理 如果存在一个模体 α(它是一个 15-tuple), 使得任意一个序列中都有顶点 $\alpha_{i,k(i)}$ 与它的 Hamming 距离不超过 4, 则一定存在一个顶点数为 s 的 8-clique, 而且包含这些顶点的 8-clique是唯一的.

证明 记任意给定的两个 15-tuple β_1 与 β_2 之间的 Hamming 距离为 $d(\beta_1, \beta_2)$. 于是, 在定理条件下: $d(\alpha, \alpha_{i,k(i)}) \leqslant 4$. 从而, 由 Hamming 距离的三角形不等式有

$$d(\alpha_{i,k(i)}, \alpha_{j,k(j)}) \leqslant d(\alpha, \alpha_{i,k(i)}) + d(\alpha, \alpha_{j,k(j)})$$
$$\leqslant 4 + 4 = 8.$$

所以, $\{\alpha_{i,k(i)} : i = 1, 2, \cdots, s\}$ 就组成了一个 s 个顶点的 8-clique, 记为 C_0. 又因为在顶点 $\alpha_{i,k}$ 与 $\alpha_{i,l}$ 之间是没有边的, 所以, 不存在 8-clique 中的

两个不同的顶点出现在同一条被测序列上. 可
见, 如果还有一个包含 C_0 的多于 s 个顶点的
8-clique, 那么至少有一个顶点来自同一条被测
序列, 这与上面的结论矛盾. 从而可见不存在
真正包含上述 8-clique 更大的 8-clique.

　　注　若在 s 个序列中, 包含真正的模体序
列, 则由于每个序列都至少包含一个子序列和
模体序列的距离小于, 或等于 4, 可见这时只需
要搜索一个可以由距离不大于 4 的边联到某一
个顶点的 8-clique 即可. 由组合数学的计算可
以知道, 这将大大地减小计算量, 因为与一个
15-tuple Hamming 距离不大于 4 的 15-tuple 就
只有 $\binom{15}{4} \cdot 4^4 = 349\ 440$ 个, 它约占全部
15-tuple 的 0.034%, 可见搜索 4-clique 的工作
量会大大少于搜索 8-clique.

　　另一方面, 并非任何一个上述那样包含 s
个顶点的 8-clique 都存在如上要求的模体. 因
为对三个以上相互的 Hamming 距离为 8 的顶
点, 并不一定存在一个 15-tuple 到它们的距离
都不超过 4.

　　这里, 得到顶点数为 s 的 8-clique, 是一个
计算量很大的工程. 当序列很长的时候, 可能

的 8-clique 边非常多，而其中绝大部分是"假边"，因为任意两个序列中的 15-tuple 间的距离，偶然不超过 8 的概率是相当大的，它们可以和模体毫无关系．所以，设计有效的删除这些无关的 8-clique 边是很重要的．[PS] 利用了下面这个组合数学的事实：

当我们从小到大逐步扩展 clique 时，一个 k 个顶点的 8-clique 称为可扩展的，如果存在包含此 8-clique 的 $(k+1)$ 个顶点的 8-clique. 如果一条边属于一个不可扩展的 k 个顶点的 8-clique，这条边不可能是一个真正的顶点数为 s 的 8-clique 的边，那么它一定是一个"假边"．进而一个 k 个顶点的 8-clique 的每一条边，如果又是一个具有顶点数为 s 的 8-clique 的"真边"，它至少应该属于 $\binom{s-2}{k-2}(k>1)$ 个可扩展的具有 k 个顶点的 8-clique.

利用这个性质，我们在 $k(>1)$ 较小的时候就去掉大量的"假边"．

另一种策略是，从 Hamming 距离比较小的界限出发，即开始对较小的 d（例如，$d=2$）搜索 d-clique，如果找不到包含 s 个顶点的 d-clique，则逐步加大 d，以扩充 clique. 这样可以大大减少"假边"出现的数量，因而可以减少计算量.

Ⅲ　模体搜索的统计方法

在Ⅱ中所谈到的搜索问题中，所得到的模体容错地出现在 s 个序列中，事实上，在很多生物问题中，这个要求是不可能达到的，因为经常会有一部分序列，其中即使在容错的意义下，模体也不出现. Ⅱ中的方法可以将要求出现 s 个顶点的 clique，改为"足够大的 clique". 不过，足够大的界限往往不能事先知道. 所以，计算仍然有一定困难. 详细的情形可参见 [PS]. 此外，通常模体的长度（例如(15,4) 问题中的模体长度就是 15）是未知的，而且模体往往不止一个，模体之间的间距是无规则的. 例如，在Ⅰ中说到的蛋白质的功能位点问题，就是这样的问题. 对这类问题，(15,4)问题这类的数学模型就不再适用.

097

我们还可以从另外一个角度来看模体问题. 当表示某关键位点的模体的长度较小的时候，在同样的变异率下，短序列中出现错误的个数就变少了. 例如，假定每一位以 1/4 的概率出错（变异），那么在15-tuple中平均有 15/4

个(约等于 4 个)错. 在 5-tuple 中, 平均就只有 1.25 个错; 在 15-tuple 中不出错的概率为 $(3/4)^{15}$(约等于 0.0134), 而 5-tuple 不出错的概率为 $(3/4)^5$(约等于 0.237), 而 3-tuple 不出错的概率为 $(3/4)^3$(约等于 0.42). 可见, 假若 $s=20$, 那么, 分别平均会出现 8.4, 4.7 和 0.26 条无错的 3-tuple, 5-tuple 和 15-tuple (20 倍的无错概率).

又如果一个非关键位点上一个特定的 3-tuple, 5-tuple 和 15-tuple 出现的概率很小, 例如, 在蛋白序列中, 长度为 400 的不含关键位点的序列, 随机地出现该 3-tuple, 5-tuple 和 15-tuple的概率, 都分别小于$(400-2)(20)^{-3}$ (≈ 0.05), $(400-4)(20)^{-5}$ ($\approx 1/8000$) 和 $(400-14)(20)^{-15}$ ($\approx (1/8000)(20)^{-10}$), 那么, 关键位点的无错 3-tuple, 5-tuple 出现的概率和非关键位点的3-tuple, 5-tuple 出现的概率就有显著差异. 所以利用统计检测方法, 就很容易从众多的非关键位点的 3-tuple, 5-tuple 中, 挑出无错关键位点的 3-tuple, 5-tuple. 至于无错关键位点 15-tuple, 由于它出现的概率太小, 在 20 条样本序列中, 完全可能根本不存在任何无错关键位点 15-tuple, 从而上述统计检

测也就失效了. 另一方面,假如考虑 2-tuple,
那么其无错出现的概率是 $(3/4)^2(=0.5625)$.
但是任意一个2-tuple在一条长度为 400 的随机
序列中,平均出现 $(400)(20)^{-2}(=1)$次,因此,
关键位点 2-tuple 出现的概率和非关键位点 2-
tuple 出现的概率,就没有显著差异. 可见,考
虑模体的 k-tuple 时,k 的选择至关重要,如果 k
太大,无错模体的子序列出现的概率太小,而
如果 k 太小,任何一个 k-tuple 出现的概率都太
大,不能突出无错模体的 k-tuple,从而在这两
种情形下,有效的统计推断都难以进行. 由此
可见,要合理选择 k,必须对于上述两种概率进
行仔细的估计,以确保统计推断的置信度达到
要求的水平.

以上是以蛋白序列为例的考虑. 对于 DNA
序列的同样问题,就会困难得多. 因为蛋白序
列中每个位置有 20 种不同的选择 (20 种氨基
酸),而 DNA 序列中每个位置只有 4 种不同的
选择 (A, C, T, G 之一), 在 DNA 的随机序列
中,一个 k-tuple 出现的概率为$(1/4)^k$,而在蛋
白质的随机序列中,一个 k-tuple 出现的概率仅
为 $(1/20)^k$. 所以,除非出错 (变异)率也变小,
否则,在 DNA 序列就较为难以区分非关键序

列和关键序列的 k-tuple.

在我们以上的计算中,对于独立性,各位置的变异及各种氨基酸(核酸)的对称性都作了十分简化的假设,因而计算就比较简单. 但是这样的简化模型并非处处合适. 这样,计算问题自然就要复杂得多,困难得多,涉及的数学理论和方法也就更深入、更复杂.

模体的搜索还有许多的统计方法,例如,利用 Markov 链,或者 r 阶 Markov 链,来克服 PWM (位置特异的权重矩阵方法) 中独立性假定的不合理方面. 另外 Burge 和 Karlin 利用逐次复杂化的条件概率,创造了最大相依性分解的复杂序列概率模型 (Maximal Dependence Decomposition,MDD) (参见 [BK]). 有兴趣的读者可以阅读参考文献 [HKZLW], [LBL], [LNL], [LABLNW], [ZHS] 等文献.

参 考 文 献

［BE］ T J Bailey and C Elkan. Fitting a mixture model by ex-
pectation maximization to discover motifs in biopoly-
mers. Proceedings of the 2nd ISMB，1994：28～36

［BK］ Burge C，Karlin S. Prediciton of complete gene struc-
tures in human genomic DNA. Journal of Molecular Bi-
ology 1997(268)：78～94

［GQ］ 龚光鲁，钱敏平. 应用随机过程教程——与在算法和
智能计算中的应用. 北京：清华大学出版社，2004

［H］ 贺林等. 解码生命.北京：科学出版社，1999

［HKZLW］ Haiyan Huang，Ming-Chih J. Kao，Xianghong
Zhou，Jun S Liu，Wing H Wong 2004. Determi-
nation of local statistical significance of patterns
in Markov sequences with application to promoter
element identification. Journal of Computational
Biology，Vol 11，No 1

［K］ Kent W J. (2002) BLAT——The BLAST——Like Align-
ment Tool. Genome Research 12(4)：656～664

［LABLNW］ Lawrence C E，Altschul S F，Boguski M S，Liu
J S，Neuwald A F，and Wootton J C. Detecting
subtle sequence signals：a gibbs sampling strate-
gy for multiple alignment. Science，1993. (262)：
208～214

［LBL］ Liu X，Brutlag D L，Liu J S. Bioprospector：Discove-
ring conserved dna motifs in upstream regulatory re-
gions of co-expressed genes. In Proceedings of the

2001 Pacific Symposium on Biocomputing, 2001(6):
pages 127～138

[LHW]　Ross A. Lippert, Haiyan Huang, Michael S. Water-
man, Distributional regimes for the number of k-word
matches between two random sequence. PNAS, 2002
(99): 13980～13989

[LiXM]　Xiaoman Li. Some Statistical Issues in Statistical Is-
sues in Genomics: Shotgun DNA Sequence Assembly
and cDNA Expression Data, PhD Dissertation Presen-
ted to UNIVERSITY OF SOUTHERN CALIFOR-
NIA, 2002

[LKW]　Li L M, Kim J H, Waterman M S. Haplotype recon-
struction from SNP alignment, J. Computational mo-
lecular Biology, 2004(11):505～516

[LNL]　Liu J S, Neuwald A F and Lawrence C E. Bayesian
Models for Multiple Local Sequence Alignment and
Gibbs Sampling Strategies. JASA Dec 1995, Vol.
90, No. 432, p. 1156～1170

[M]　Myers E W et al. A whole-Genome assembly of Drosoph-
ila. Science 2000(287): 2196～2204

[PDQ]　Peng S, Deng M, Qian M P. An Improvement for Eu-
lerian Path Assembly, Proceeding of the 5th ACIS In-
ternational Conference on Software Engineering, Ar-
tificial Intelligence, Networking and paralle distribu-
ted Computing, 2004:97～105

[PS]　Pevezner P A, Sze S H. Combinatorial Approaches to
Finding Subtle Signals in DNA Sequences, ISMB 2000:

269～278

[RSW]　Reinert G，Scabath S，Waterman. M，Probablistic and statistical properties of words，J. Comp. Biol. ，7：1-48

[PTW]　Pevzner P A，Tang H and Waterman MS. An eulerian path approach to DNA fragment assembly. Proc. Natl. Acad. Sci. ，(2001)98(17)，9748～9753

[SYY]　Shen S Y，Yang J，Yao J and Hwang P I. J. Computational Molecular Biology，2002(9)：477～486

[WCBL]　Wang W，Cherry J M，Botstein D，Li H：A systematic ap-proach to reconstructing transcription networks in Saccharomyces cerevisiae. Proc Natl Acad Sci USA 2002(99)：16893～16898

[ZHS]　Xiaoyue Zhao，Haiyan Huang. Terry Speed. Finding short DNA motifs using permuted Markov models. Proceedings of RECOMB 2004

附录 **1** 信息熵的概念

　　信息及信息熵的概念由 C. Shanon 首次提出，用来刻画一个离散值随机变量或一个离散分布的不确定性的大小，或者说刻画知道此随机变量的取值所获得的信息量的大小．先让我们从最简单的，只有 0 与 1 两个取值的随机变量出发来考虑．知道一个随机事件 A 发生，所获取的信息应该是 A 发生的概率 $P(A)$ 的函数．用数学表达式来表达这个意思就是：如果将此信息记为 $H(A)$，这里的这个函数记为 $\varphi(\cdot)$，那么

$$H(A) = \varphi(P(A)) . \qquad (*)$$

　　为了进一步了解这一表达式，我们来想一想下面的直观的例子．如果有人告诉你："美国

梦幻队在奥运会胜了日本队",你会觉得他没有给你多少信息,甚至认为他说了一句废话.反之,如果有人告诉你一个从未输过的名将在一次比赛中名落孙山,这就使你觉得这一消息的信息量很大了.原因是前一事件几乎概率为 1 地发生,而后一事件发生的概率极小.由此读者可以体会到前面的表达式(*),是十分合理的.Shannon还对 $\varphi(\cdot)$ 进一步作了如下十分自然而合理的规定:

1) $H(A) \geqslant 0$, $H(\Omega) = 0$ (Ω 表示必然事件);

2) 当 A 与 B 独立时 $H(A \cdot B) = H(A) + H(B)$;

3) 当 $P(A_n) \rightarrow P(B)$ 时 $H(A_n) \rightarrow H(A)$,意思是:知道一个必然发生的事发生了,当然没有获得信息;同时知道二件不相干的事发生了,所获得的信息应是分别获得的信息之和;第 3) 项假定有一点人为的技术因素,但也还是很自然的,它类似于概率中的连续性公理.用(*)中的函数 φ 来改写 1)~3) 即有:

1°. φ 是 [0,1] 区间(概率 $0 \leqslant P(A) \leqslant 1$)上的一个连续函数,$\varphi(1) = 0$;

2°. $\varphi(p,q) = \varphi(p) + \varphi(q)$;

3°. φ 是连续函数.

由此可见 $\varphi(p^n) = n\varphi(p)$, 也即 $\varphi(p) = \dfrac{1}{n}\varphi(p^n)$, 于是

$$\varphi(p^{m/n}) = (m/n)\varphi(p),$$

再用 φ 的连续性就得到对于 $0 < \alpha \leqslant 1$,

$$\varphi(p^{\alpha}) = \alpha\varphi(p).$$

令 : $\varphi(\mathrm{e}^{-1}) = c$, 那么

$$\varphi(p) = \varphi(\mathrm{e}^{-\log(1/p)}) = (\log(1/p))\,\varphi(\mathrm{e}^{-1})$$
$$= -\,c\log p;$$

其中 c 显然不可能是 0, 否则 $\varphi(p) \equiv 0$ 就无意义了, 这里的 c 看成是选取的单位常数.

综上所述, 已知随机变量 $\xi(\omega) = I_A(\omega)$ 的结果所获得的信息量是:

$$H(A) = -\,c\log P(A) = -\log_a P(A)$$

(取 α 使 $c = 1/\log\alpha$). 下面我们再从随机小数: $\xi(\omega)$ ($\in [0,1]$, 它服从 $[0,1]$ 上的均匀分布), 来认识 Shannon 信息量的定义, 将 $\xi(\omega)$ 写成二进制小数形式:

$$\xi(\omega) = \sum_{n=1}^{\infty} a_n(\omega)2^{-n} \qquad (a_n(\omega) = 0, 1)$$

于是 $\{a_n(\omega)\}$ 是相互独立同分布的随机变量列,

且

$$P(\omega: a_n(\omega) = 0) = P(\omega: a_n(\omega) = 1) = 1/2.$$

因此,知道了一位 2 进制小数的取值所获得的信息量是 $-\log_a(1/2) = \log_a 2$. 若取 $a = 2$,即 $c = 1/\log_a 2$,也就有 $\log_a 2 = 1$,也就是,将取得一位二进制小数值所获得的信息量取为 1(个单位),那么知道两位二进制小数所获信息量是 $\log_2 4 = 2$,因为

$$P(\omega: a_n(\omega) = 0, a_{n+1}(\omega) = 1)$$
$$= P(\omega: a_n(\omega) = 1, a_{n+1}(\omega) = 1)$$
$$= P(\omega: a_n(\omega) = 0, a_{n+1}(\omega) = 0)$$
$$= P(\omega: a_n(\omega) = 1, a_{n+1}(\omega) = 0)$$
$$= 1/4,$$

进而可得知 m 位二进制小数所获信息量应为:$-\log_2(2^{-m}) = m$. 当然我们不能只顾及二进制随机小数,所以在一般情形,为了省写常数,我们取 $a = e, c = 1/\log e = 1$.

设一个随机试验 ξ 可有 M 个不同的结果:$A_1, \cdots, A_M$,它们发生的概率分别为:

$$P(A_i) = p_i, \sum_{i=1}^{M} p_i = 1, \ p_i > 0$$
$$(i = 1, 2, \cdots, M)$$

于是我们知道试验结果是 A_i 所获的信息量是

$-\log p_i$. 知道不同的试验结果所获信息量是不同的. 总的描述这一试验结果所获信息量 $H(\xi)$ 是知道不同试验结果所获信息量按概率的平均值 (数学期望):

$$H(\xi) = -\sum_{i=1}^{M} p_i \log p_i \quad (M \leqslant +\infty).$$

Shannon 把 $H(\xi)$ 定义为此随机试验(或其分布 $\{p_i\}$) 的熵.

附录 最大似然估计

设我们有随机样本 $X_1,\cdots,X_n$，它们来自理论分布密度（或概率质量函数）为 $f(x,\theta)$ 的总体，其中 θ 是未知参数. 假定 $X_1,\cdots,X_n$ 的样本值为 $x_1,\cdots,x_n$（即我们看见这些随机变量的一组取值），那么 $(X_1,\cdots,X_n)$ 的联合密度在 $(x_1,\cdots,x_n)$ 处的值，作为 θ 的函数，记为 $L(\theta;x_1,\cdots,x_n)$，即 $L(\theta;x_1,\cdots,x_n) \equiv f(x_n,\theta)$. $L(\theta;\cdots)$ 就称为似然函数. 它的概率含义是：在参数值假定为 θ 的条件下，出现一组样本值在 $(x_1,\cdots,x_n)$ 附近的概率为 $L(\theta;x_1,\cdots,x_n)$ $\mathrm{d}x_1,\cdots,\mathrm{d}x_n$，它与 $L(\theta;x_1,\cdots,x_n)$ 成正比. 可见，在使得 $L(\theta;x_1,\cdots,x_n)$ 的值大的 θ 的情形，出现这组样本值 $(x_1,\cdots,x_n)$ 附近的可能性就

大. 也就是，使 $L(\theta; x_1, \cdots, x_n)$ 达到最大值的 θ，就是最有可能导致样本值 $(x_1, \cdots, x_n)$ 出现的 θ 值，它也就是我们对于参数的最合理的估计.

如果我们考虑在取样前的一般情形，就引出统计中如下的重要概念.

定义 $L(\theta; X_1, \cdots, X_n) \equiv f(X_1, \theta) \cdots f(X_n, \theta)$ 称为样本 $(X_1, \cdots, X_n)$ 的似然函数 (Llikelihood function)，简记为 $L(\theta)$. 使似然函数 $L(\theta)$ 取得最大的值 $\hat{\theta}$ (它是一个随机变量，是样本 $(X_1, \cdots, X_n)$ 的函数)，称为未知参数 θ 的最大似然估计 (maximum likelihood estimator, 简记为 MLE)，记为 $\hat{\theta}_{MLE}$. 等价地，估计参数的极大似然法就是要求 $\hat{\theta}$，使得

$$\ln L(\hat{\theta}) = \max_\theta \ln L(\theta).$$

方程

$$\frac{\mathrm{d}\ln L(\theta)}{\mathrm{d}\theta} = 0$$

称为似然方程. 一般地，我们不能完全保证似然方程的解是最大值的位置，但是对于多数常见的总体，它给出了最大值位置.